Zimmermannsbohrer
Klappsäge
Pocketboy
von Silky,
170 mm
Bohrleier
Schlangenbohrer
Fuchsschwanz
Einhandhobel Nr. 102
von Lie Nielsen

Jögge Sundqvist

Handgeschnitzt!

Mit einfachen Werkzeugen
zu farbenfrohen Alltagsgegenständen

HolzWerken

Leiter aus krumm gewachsener Birke und Kiefer in Schrumpftechnik. Teil der öffentlichen Skulptur „Blå Hulken John“ an der Vegaskolan in Vännäs.

Inhalt

WAS BEDEUTET „SLÖJD“?

Es gibt viele verschiedene Möglichkeiten Holz zu bearbeiten und zu Gerätschaften und anderen Objekten zusammenzufügen. Dieses Buch stellt dir die traditionelle Handwerkskunst vor, die in Schweden „Slöjd“ genannt wird. Ich liebe die alten in handwerklicher Art hergestellten Gegenstände wegen ihrer geschnitzten und geschnittenen Kanten und Fasen, der abgegriffenen Farben, der eigenwilligen Gestaltung und ihrer selbstbewussten Unbedarftheit. Kurz gesagt wegen des direkten künstlerischen Ausdrucks.

Slöjd war Bestandteil des Selbstversorgerhaushaltes und in der Zeit vor der Industrialisierung lebensnotwendig. Slöjd bezeichnet die Arbeitsmethoden, welche die Landbewohnenden benutzten, wenn sie Gerätschaften für den Hof, die Landwirtschaft, die Jagd, die Fischerei und für den Haushalt herstellten. In tausenden von Jahren wurden die Kenntnisse über das Material vertieft und die Benutzung der Werkzeuge weiterentwickelt, so dass das Wissen über Funktion, Zusammensetzung und Form so zusammenwirkt, dass die Gegenstände langlebig und praktisch wurden.

Das schwedische Wort „Slöjd“ kommt vom Wortstamm „slög“ mit Wurzeln im 9. Jahrhundert. Das Wort bedeutet „erfindungsreich“, „geschickt“, „pfiffig“. Darin klingt an, dass die bäuerliche Bevölkerung durch ihren Kampf ums Überleben besser lernte, die Naturmaterialien aus ihrer Umgebung zu nutzen – Holz, Leinen, Häute, Pelze, Horn und Metall. Aus dem Dialekt meiner Heimat Västerbotten kommt eine schöne Redewendung, die ein persönliches Motto von mir wurde. Wir sagen „Int'oslög“ („Nicht unpfiffig“) zu einer geschickten, praktischen Person.

„I am sharpening my knifes on my mistakes.“

Tom Waits

Im Begriff Slöjd sind Materialwahl und Arbeitsweise mit Qualität und Ausdruck verbunden. Für kräftige, haltbare Werkstücke muss das Material sorgfältig ausgewählt werden, damit der Faserverlauf der Form folgt. So ist das Holz leicht zu spalten und mit Schneidwerkzeugen zu bearbeiten. Dieser Prozess sorgt für einen persönlichen Ausdruck. Es ist zutiefst befriedigend, funktionelle Gegenstände mit einfachen Werkzeugen herzustellen. Wenn sich der Holzlöffel, den du handwerklich hergestellt hast, sanft an den Lippen anfühlt, wird es dir warm ums Herz.

Dieses Buch möchte eine Einführung in den handwerklichen Umgang mit Holz bieten, die inspirierend und gleichzeitig fundiert sein soll. Du brauchst zum Arbeiten nur einen einfachen Satz an Werkzeugen und Geräten und kannst dabei auf elektrischen Antrieb völlig verzichten. Das hat viele Vorteile: Das komplette Handwerkszeug kostet nicht allzu viel. Gleichzeitig machen dich die einfachen Werkzeuge frei, flexibel und vielseitig. Die schönsten Gegenstände lassen sich ganz nebenbei in der Küche oder im Gartenhaus herstellen.

Das Arbeiten mit Holz bedarf solider Kenntnisse und langjähriger Erfahrung, bis es so funktioniert, wie man es sich wünscht. Das gilt vor allem für die Handhabung des Messers, die richtigen Griffe, aber auch für das richtige Gefühl für das Material. Auch das Schleifen, das enorm wichtig ist, nimmt viel Zeit in Anspruch, bis es leicht von der Hand geht. Wenn du einmal mit Holz handwerklich gearbeitet hast, erinnern sich Körper und Gehirn an die verschiedenen Bewegungen, an unterschiedliche Werkzeuge, Materialien und Werkstücke. Das Erlernte geht in den Körper über. „Making is thinking“, sagt Richard Sennet, Professor für Soziologie. Tun ist Denken. Im handwerklichen Arbeiten endet dieser Prozess nie.

Im Slöjd herrscht ein sparsamer Umgang mit Ressourcen vor, der sich echt und ursprünglich anfühlt. In einer immer komplexer werdenden Gesellschaft wird es zum Bedürfnis, bei einem Arbeitsprozess von Anfang bis Ende dabei sein zu dürfen, vom Rohmaterial bis zum fertigen Gegenstand. Menschen aller Gesellschaftsschichten haben das Bedürfnis nach einem Zusammenspiel zwischen dem Gedanken und der Hand. Slöjd berührt, indem es sowohl dem Kopf als auch der Seele Befriedigung verschafft. In der handwerklichen Arbeit mit Holz findet man zu einer entspannten inneren Ruhe. Eine Art praktischer Kontemplation, in der es Zeit für Gedanken gibt, eine Wohltat in unserer heutigen Medienwelt. Wenn wir unsere Kenntnisse in der Handwerkskunst wieder hervorholen und die wunderbare Kombination aus Minimalismus und der notwendigen modernen Technik finden, dann wird Slöjd zum Survival Kit.

Sechs gute Argumente, um mit Holz handwerklich zu arbeiten

- Du erhältst langlebige, funktionale und persönliche Gegenstände.
- Stärkt den Rücken und verursacht geringe Kosten.
- Umweltfreundlich und ressourcenschonend.
- Von Hand zu arbeiten gibt Freiheit – eine Selbstbeschränkung mit positivem Effekt.
- Grünes, d.h. frisches Holz ist leicht zu bearbeiten.
- Es macht Freude, von Anfang bis Ende dabei zu sein. Wenn du selbst etwas aus Holz herstellst und dann benutzt, bist du am gesamten Prozess beteiligt.

Ratschläge für das handwerkliche Arbeiten mit Holz

- Lasse kleine Fehler zu. Handwerkliches Arbeiten beinhaltet gewisse Risiken. Dadurch lernt man. Die großen Fehler vermeidest du, indem du guten Ratschlägen folgst. Die kleinen machen das Handwerk herausfordernd und lehrreich.
- Arbeite mit Geduld und Ruhe in einem effektiven, aber bedachten Arbeitstempo. Hab Spaß dabei!
- Bleibe aufmerksam! Sowohl beim Umgang mit dem Werkzeug als auch in den Gedanken.
- Verbrenne mit Leinöl getränkte Lappen, damit sie sich nicht selbst entzünden.
- Frage den Waldbesitzer, bevor du dir Holz nimmst.

Du liest die dritte Auflage (der schwedischen Ausgabe) dieses Buches. In jedem Kapitel kannst du einen oder mehrere Gegenstände herstellen, bei denen du dich mit vorsichtiger Hand in die Welt des Holzhandwerks vortastest. Die Projekte sind so angelegt, dass du Schritt für Schritt anspruchsvollere Arbeitsmethoden erlernst. Danach kannst du deine eigenen Bearbeitungsmethoden entwickeln, die zu dir passen. Es ist auch möglich, dass du selbst neue Wege findest, an die vor dir noch niemand gedacht hat. Jede Tradition bedeutet Veränderung.

Es ist schwierig, praktische Arbeit in Worten zu beschreiben. Wie soll sich der Körper zum Werkzeug und zum Werkstück verhalten, um maximale Kraft und Kontrolle zu erreichen? Wie soll das Werkzeug aussehen und angesetzt werden? Wie soll das Material beschaffen sein? Wie das Werkstück letztlich aussieht, ist das Resultat des intuitiven körperlichen und geistigen Wissens. Es ist die Summe der Erfahrungen vieler Jahre. Vielleicht hast du die Möglichkeit, bei einem Handwerker zu lernen, bei jemanden, der dir die einzelnen Schritte erläutert, während die Arbeit vorangeht.

Dieses Buch soll die Grundlage schaffen, um die traditionelle handwerkliche Bearbeitung von Holz vorzustellen. Es beschreibt nicht, wie Holz mit Maschinen bearbeitet wird. Generell machen Maschinen die Herstellung schneller, was aber die Form oftmals negativ beeinflusst. Holzarbeiten mit modernen Maschinen haben nichts mit der Herstellung von kunsthandwerklichen Gegenständen zu tun.

Möchtest du dein Wissen über die Beschaffenheit der Holzarten und die anspruchsvollere Herstellung von Gerätschaften vertiefen, empfehle ich weitere Literatur und die Suche im Internet. Aber auch für den Erfahrenen gibt es in diesem Buch sicher viele Anregungen, sowohl in Hinblick auf die Arbeitsmethoden als auch auf die Formgebung, die ich in über 35 Jahren im Holzhandwerk entwickelt habe.

Viele Wörter und Begriffe sind vielleicht neu für dich. Um das Verstehen zu erleichtern, findest du am Ende des Buches eine Wortliste, die Fachbegriffe erklärt.

Dort findest du auch ein Verzeichnis der Bezugsquellen für Materialien und Werkzeuge zum Arbeiten mit Holz samt einer Literaturliste, für den Fall, dass du deine Kenntnisse über die vielfältige Slöjd-Tradition, die wir in Skandinavien haben, vertiefen möchtest. Lies auch dazu das Kapitel „Material und Werkzeug" (siehe Seite 35), bevor du mit deiner Arbeit beginnst. Mit „Material" sind die verwendeten Holzarten gemeint, während „Rohling" das Stück Holz bezeichnet, welches man aus dem Material zur weiteren Bearbeitung und zur Herstellung eines Gegenstandes ausgewählt hat.

„Go back, go back, go back to your woods"
Robbie Robertson

Ich habe schon seit meiner Kindheit Gegenstände aus Holz hergestellt. 1985 habe ich mit der Herstellung und dem Verkauf handwerklicher Produkte begonnen. 1998 habe ich begonnen, alle Gegenstände, die ich hergestellt habe, in einem Register aufzunehmen, das nun über 4500 Gegenstände enthält. Darunter befindet sich alles vom Buttermesser bis hin zu großen öffentlichen Skulpturen. Je mehr Erfahrungen ich gesammelt habe, desto größeren Respekt empfinde ich für andere Holzhandwerker, die mich über die Jahre hinweg inspiriert haben. Ein ganz besonderer Dank gilt meinem Vater Wille Sundqvist, der mir vor allem die Lust an der Holzbearbeitung vermittelt hat und meiner Mutter Margareta „Maxan" Sundqvist, die den Wunsch in mir geweckt hat, mich in Form und Farbe auszudrücken. Wille hat das Buch „Tälja med kniv och yxa" („Schwedische Schnitzschule", Verlag Th. Schäfer) geschrieben, das sich mit Werkzeugen und Techniken umfassend und grundlegend befasst.

Jögge Sundqvist, Mai 2020

Die Küche als Werkstatt

·IVI

Die Tradition des Slöjd

Das schönste Gefühl beim Arbeiten mit Holz ist es, darüber Bescheid zu wissen, wie die Gegenstände hergestellt wurden und aus welchem Material sie sind. das Thema Holz ist praktisch, überschaubar und einfach. Geht etwas kaputt, kann ich das Stück ersetzen. Ist es zu dick, kann ich das Messer aus der scheide ziehen und es dünner schnitzen. habe ich eine Idee, kann ich versuchen, sie zu realisieren. nichts gibt eine größere Befriedigung als etwas mit dem Schnitzmesser selbst hergestellt zu haben. Aber zusammen mit deinem Schnitzbeil liegt immer auch die Slöjd-Tradition im Werkzeugkasten, ganz so wie ein unsichtbares immaterielles Werkzeug.

Die Fähigkeit, mit den eigenen Händen Gegenstände herzustellen, beruht auf den bäuerlichen Traditionen von Selbstversorgern. Vor der Industrialisierung war man gezwungen, das meiste aus den Materialien selbst herzustellen, die sich in der Umgebung der Gehöfte fanden. Wer das Werken mit Holz übte, bekam von Kindesbeinen an eine lebenslange und natürliche Unterweisung im Holzhandwerk. Sitten, Gebräuche, Religion und das soziale Umfeld waren eine natürliche Einheit, als die Herstellung von Gegenständen die Basis für das Überleben und den Wohlstand war. Die Werkzeuge des durchschnittlichen Bauern waren verhältnismäßig einfach. Die Handwerker, die es gab, waren Schmiede, Schneider und Tischler.

Slöjd ist kein Handwerk im üblichen Sinn. Handwerker sind historisch an eine Zunft mit Lehrlingen, Gesellen und Gesellenbrief gebunden. Sie üben ein spezialisiertes Fach aus, oftmals mit rationellen und kontrollierten Herstellungsprozessen.

Manche verwechseln das Werken mit der Hand mit dem Handwerk. Der Charakter des Werkens liegt im geschickten Gebrauch einfacher Werkzeuge, einer fundierten Materialkunde und der Fähigkeit, funktionelle Probleme zu lösen.

Im Holzhandwerk ist es ein intuitives Gefühl, das darüber entscheidet, ob etwas Qualität hat oder nicht. Das Wissen um die Eigenschaften des Materials, die besten Holzverbindungen, wie das aus einer historischen Perspektive aussieht und wofür man welches Werkzeug und welche Gerätschaft wählt, ist so umfassend und speziell.

Die mit Holz Arbeitenden waren ihre eigenen Designer. Sie setzten sich intensiv mit vielen Fragen auseinander und lösten Probleme: Welche Funktion sollte der Gegenstand haben, wie viel Zeit bedurfte es ihn herzustellen, in welchem Zusammenhang stand er, woraus sollte er gemacht werden und wer würde ihn benutzen? Der Mensch arbeitete kreativ und ersann neue Lösungen, wenn der Bedarf sich änderte und wenn neue Materialien, Werkzeuge oder Geräte in der Produktionskette verfügbar wurden.

Im Slöjd geht es nur um Qualität, um die beste Materialauswahl und die beste Zusammensetzung, damit lange Haltbarkeit gewährleistet ist. Die Produkte sollen gut in der Hand liegen und das Auge zufrieden stellen. Selbstverständlich ist die Volkskunst durch historische Stilrichtungen beeinflusst worden, aber durch jahrhundertelange Weiterentwicklung sind eine regional eigenständige Ausdrucksweisen entstanden.

Slöjd ist eine wortlose Wissenschaft, die in großen Teilen verloren gegangen ist. Heute wird dieses Wissen in Schweden durch eine Bewegung mit Beratern und Vereinen gepflegt, wiederentdeckt und weiterentwickelt. Charakteristisch für das Slöjd sind die folgenden Punkte:

- die Kontrolle über den Produktionsprozess
- der intuitive, geschickte Gebrauch von Handwerkszeug
- regionale, natürliche Materialien
- der sparsame Umgang mit Ressourcen und deren Wiederverwendung
- der individuelle Stil

Messer mit Klinge von Mattias Helje.
Kellen aus krumm gewachsener Birke.
Wokwender für Linkshändige.
Werkstück mit Hakenmesser.

HANDGEFERTIGTE GEGENSTÄNDE

Buttermesser und Tortenheber

Einen Buttermesser zu schnitzen ist sehr gut für den Anfang. Man könnte meinen, das zu tun sei kinderleicht, aber da täuscht man sich! Wie bei allem, was wir tun, muss man auch hier nachdenken. Ein kräftiger Handgriff mit einem schlanken Blatt ist für die Funktion sehr wichtig. Der Tortenheber kann sowohl für Bratpfannen als auch für Woks und kalte Platten genutzt werden. Weil die Faserrichtung der Form folgt, hält er, obwohl er dünn ist. Wie die meisten Gegenstände aus Holz verträgt er keine Spülmaschine oder langes Einweichen. Dann dehnt er sich aus.

Werkzeug Axt, Messer, eventuell Ziehmesser

Material Wacholder verträgt Feuchtigkeit und ist hart und zäh. Eberesche und Ahorn sind vorzüglich geeignet, insbesondere auch Obstbaumholz. Ich benutze meistens Birkenholz, weil es mittelhart und leicht zugänglich ist. Es ist praktisch, Buttermesser und Pfannenwender aus beim Spalten übrig gebliebenen Holzstücken anzufertigen. Die Werkstücke für Buttermesser sowie eingeweichte und formgepresste Tortenheber sollten gerade gewachsen sein, aber selbstverständlich kann man auch aus krumm gewachsenem Holz ein Werkstück für einen Tortenheber herausschneiden.

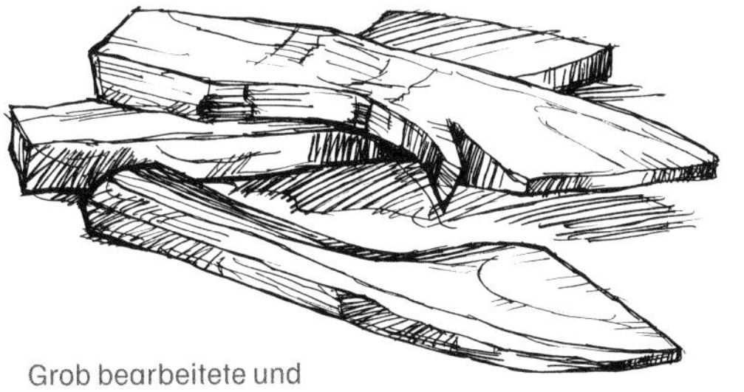

Grob bearbeitete und grob zurecht geschnitzte Werkstücke. Es ist wichtig, dass der Griff gut in der Hand liegt und diese ausfüllt. Das Blatt sollte flexibel und dünn sein.

Buttermesser

Schneide ein keilförmiges Werkstück aus gerade gewachsenem astfreiem Holz. Es sollte ca. 25–30 cm lang sein. Mit der Axt grob zurichten. Schlage es mit der Axt vorsichtig mit der Faser zu. Schlägst du entgegen der Faserrichtung in das Holz, spaltet sich das Werkstück.

Musst du viel Material entfernen, kannst du Einschnitte und Einkerbungen machen, die es dem Holz erleichtern, vom Werkstück wegzubrechen (links). Mache einen kräftigen Griff, der zum Blatt hin deutlich dünner wird. Dazu kann man ein Ziehmesser am Hobelpferd benutzen, wenn man zu einem solchen Gerät Zugang hat. Auch das Glätten der Oberfläche kann so erledigt werden. Du kannst aber auch einfach ein Messer benutzen. Das Blatt soll sich zur vorderen Kante hin von 6 mm auf 3 mm verjüngen. Fühle die Stärke mit den Fingern. Ein Buttermesser darf sich nicht zu stumpf anfühlen, da er sonst zu grob wird. Schlage oder säge den Griff auf die richtige Länge und glätte die Fasern mit dem Schnitzmesser. Eine geeignete Stärke für den Griff sind 16–22 mm und eine Gesamtlänge von 170–180 mm.

Schnitzrichtung für ein Buttermesser.

Vom Körper weg schnitzen

Außer des üblichen Ellenbogengriffes (siehe Schnitzgriffe auf Seite 88) gibt es zwei kraftvolle und sichere Griffe, die Schultergriff und Scherengriff heißen.

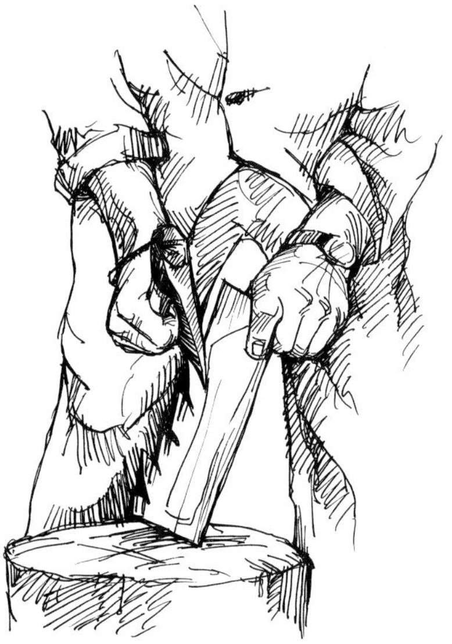

Den Rohling formen

Der Schultergriff

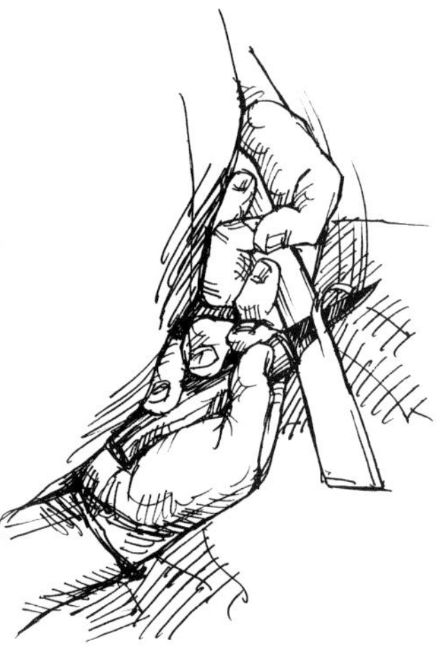

Der Scherengriff

Der Schultergriff Mit gestrecktem Arm schneidest du kraftvoll mit Hilfe der Schulter- und Rückenmuskeln. Halte die Hand in der Nähe der Klinge. Schnitze nach unten und drücke den Ellenbogen in einer gleichmäßigen und entschlossenen Bewegung nach vorn. Das Messer schneidet schräg in das Holz, am besten vom Griff zur Spitze hin. Das ist einer der üblichsten Griffe.

Der Scherengriff Ein Griff, der die Kraft gut überträgt und sich vor allem kontrolliert ausführen lässt. Hierfür nimmst du das Messer in die Hand, wobei die Handfläche nach oben gerichtet ist. Die Spitze liegt in Richtung des Daumens, wobei die Klinge nach außen zeigt. Nimm das Material und das Messer so in die jeweilige Hand, dass sie vor dem Brustkorb eine Schere bilden. Beginne mit dem Messer von der Basis zur Spitze hin zu schnitzen, wobei du gleichzeitig Werkstück und Messer nach hinten ziehst. Die Unterarme gleiten am Körper entlang und du solltest dabei fühlen, wie Schulterblätter und Schultern sich zusammenziehen. Benutze die Unterarme wie Hebel, indem du sie gegen den Körper drückst. Ein starker Griff. Drückt man die Hand, die das Messer hält, gegen den Körper, kann das Messer dir nicht entgleiten, wenn es aus dem Holz rutscht.

Zum Körper hin schnitzen

Halte mit der linken Hand das Werkstück ganz vorne fest und drücke es gegen den Brustkorb. Der Daumen der messerführenden Hand ruht oben auf dem Griff, wobei die Spitze des Messers schräg vom Körper hinweg ausgerichtet wird. Dies bewirkt, dass der Daumenballen, der dickere Teil unten am Daumen, auf den Körper trifft, bevor das Messer aus dem Holz rutschen kann. Schneide gegen den Körper, wobei die Klinge vom Griff zur Spitze hin durch das Holz geführt wird.

Drücke die Fase der Klinge in das Holz, während du schnitzt. Das unterstützt den Schnitt gut und ergibt eine glatte Oberfläche. Dieser Griff ist dadurch sicher, dass du mit den Unterarmen und der abgewinkelten Hand, die das Messer hält, Halt am Körper findest, bevor das Messer ihn erreichen kann. Presse und gleite mit dem Unterarm der schnitzenden Hand gegen den Brustkorb, während gleichzeitig das Handgelenk steif bleibt. Natürlich kannst du kompliziertere Grifformen schnitzen. Weitere Schnitzanleitungen für das Schnitzen von Fasen und Knäufen findest du in den Kapiteln Kleiderhaken (siehe Seite 25) sowie Knäufe und Verschlüsse (siehe Seite 28). Wenn du eine Grundform entwickelt hast, schnitze diese vor dem Trocknen des Holzes fast fertig. Um am Ende die glatte, glänzende geschnitzte Oberfläche zu erhalten, muss das Holz trocken sein.

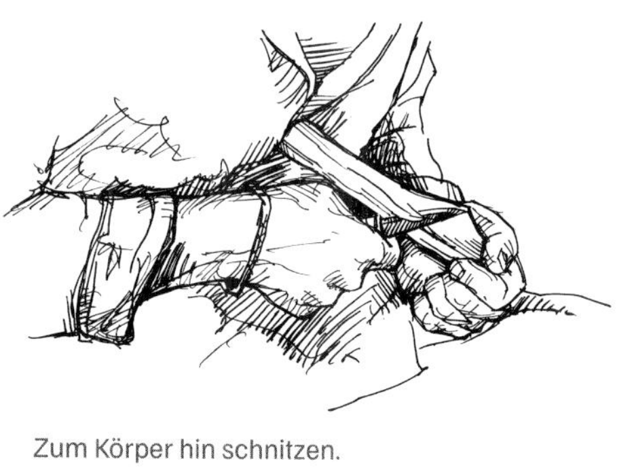

Zum Körper hin schnitzen.

Tortenheber

Aus einem Stück entweder gerade oder krumm gewachsener Birke schneidet man mit dem Ziehmesser oder mit dem Schnitzmesser einen „Spatel“, ein Blatt. Insgesamt sollte er ca. 25 cm lang und ca. 4–5 cm breit sein Der Griff wird nach der Formgebung durch Dämpfen geschnitzt.

Wenn du ein Blatt aussägst, weißt du nicht, wie die Faser der Form folgt. Hat man schräg durch die Maserung geschnitten, wird das dünne Blatt früher oder später reißen. Spaltest du den Rohling aus dem Holz, wird die Qualität deutlich besser. Du biegst den Rohling, indem du ihn zunächst in kochendem Wasser einweichst und anschließend in einer Formpresse trocknest. So stimmen Form und Faserverlauf überein.

Der Rohling wird gleichmäßig auf eine Stärke von 15 mm zurecht geschnitzt. Das Blatt wird bis auf eine Stärke von 3 mm ausgedünnt. Ich klemme es im Hobelpferd fest und benutze das Ziehmesser. Hast du diese Möglichkeit nicht, gibt es natürlich andere Arbeitstechniken. So kann man zum Beispiel das Blatt mit Axt und Messer ausdünnen. Koche den Rohling für einige Minuten stehend in einem Topf. Ziehe Handschuhe an und biege den Rohling zur Probe. Fühlt er sich weich an, lege ihn in die Formpresse und ziehe die Zwingen fest an. Lasse den Rohling dann zwei bis drei Tage trocknen und schnitze den Griff dann zurecht. Das Blatt muss dünn und zierlich und 7–8 cm lang sein. Das Zwischenstück vor dem eigentlichen Handgriff darf von der Seite gesehen nicht zu dünn sein. Etwa 15 mm sind passend.

Ein wichtiger Griff, um eine ebene glatte Oberfläche zu erhalten ist der gekreuzte-Daumen-Griff (siehe Seite 89). Dekoriere und bemale den Griff mit Leinölfarbe, aber lasse das Blatt unbemalt, damit du keine bunten Bratwürstchen bekommst! Wenn du mit dem Bemalen fertig bist, stellst du das Blatt des Tortenhebers bzw. Pfannenwenders für einige Stunden in rohes, kaltgepresstes an der Sonne getrocknetes Leinöl, damit er sich ordentlich vollsaugen kann. Trockne das überflüssige Leinöl ab und verbrenne das Papier oder den Lappen, den du dafür verwendet hast.

Buttermesser und Tortenheber aus gespaltener Birke. Mit Gravuren verziert und mit Leinölfarbe bemalt.

Trockenpresse mit gedämpftem Werkstück.

Messer mit Rindenscheide

Es gibt schöne Schnitzmesser zu kaufen, aber sein eigenes Messer herzustellen stärkt schon einmal das Selbstbewusstsein, bevor es mit dem Schnitzen ernst wird. Du hast die Möglichkeit, den Griff für deine Hand passend herzustellen und ein eigenes Ornament zu schnitzen. Hier erhält ein aus Birke herausgespaltenes Holzstück ein Loch für den Erl, der später vernietet wird. Der Griff wird zurecht geschnitzt, verziert und bemalt. Die Rinde wird zugeschnitten, gebogen und mit Birkenwurzeln zusammengebunden.

Messer mit Scheiden aus Rinde und Birkenwurzel.
Die Griffe aus Birkenholz, das über Wunden gewachsen ist, wurden mit Holzgravuren verziert und mit Leinölfarbe bemalt.

Werkzeug Axt, Messer, Raspel, Körner, kleine Bügelsäge, Kugelhammer, Ahle, Flachzange und ein Kerbschnittmesser

Material Ein Stück aus der Maserknolle von Birke oder Eberesche. Maserholz, das über Wunden gewachsen ist, oder ein Stück geflammtes Wurzelholz, das härter ist als gewöhnliche Birke, eignen sich auch gut. Rinde. Birkenwurzel.

Klinge: Die Klinge Nr. 106 von Morakniv, 82 mm Länge.

Das Messer Normalerweise hat die Scheide eine Befestigung für den Gürtel und eine Lederhülse, die den Messergriff festhält. Aber wir entscheiden uns, nur einen Schutz für die Klinge herzustellen, ein Futteral.

Besorge dir eine gute Klinge, zum Beispiel die laminierte Schnitzmesserklinge von Morakniv, die auf der einen Seite preiswert ist und trotzdem eine ausgezeichnete Schärfe, Elastizität und Schleifbarkeit besitzt.

Die Klinge braucht eine Schulter, wo sie in den Erl übergeht, so dass der Griff beim Vernieten hier Halt findet. Wenn deine Klinge hier keine Schulter hat, musst du sie durch Feilen oder Schleifen ausformen.

Schütze die Schneide des Messers bis kurz vor die Einkerbungen mit Klebeband, damit du dich nicht verletzen kannst und damit die Klinge nicht durch den Schraubstock beschädigt wird. Wähle ein hartes Laubholz. Spalte oder säge ein Werkstück zurecht, das die Abmessungen 11 x 3 x 2 cm haben muss.

Zeichne den Erl ab und übertrage die Linien auf die Stirnseiten des Holzes. Mach dir außerdem Orientierungslinien auf die Längsseiten, um das Bohren im rechten Winkel zu erleichtern. Da der Erl sich zu einer Seite hin verjüngt, bohren wir auf einer Seite zwei Löcher und drei Löcher dort, wo die Klinge auf den Griff trifft.

Löcher für den Erl Miss die Stärke des Erls und wähle einen Bohrer, der ca. 0,5 mm größer ist. Mache mit der Ahle Löcher, so dass der Bohrer beim Anbohren nicht seitlich abwandert. Peile mit den Augen die Linien an, wenn du freihändig bohrst. Schaue abwechselnd auf beide Seiten. Bohre von beiden Stirnenden her, so dass die Bohrlöcher sich im Inneren des Holzes treffen. Mit Augenmaß zu bohren lernt man schnell. Wenn du an lange Bohrer kommst, ist es vorteilhaft, diese zu verwenden. Aber mache erst eine Probebohrung, denn lange Bohrer haben die Tendenz schräg zu laufen. Du kannst als Alternative mit einem kurzen Bohrer vorbohren.

Um das Bohrloch zu versäubern, mach dir aus dem Sägeblatt einer elektrischen Stichsäge eine kleine Raspel. Das Sägeblatt wird zur Spitze hin dünner gefeilt. Es gibt auch Minisägen zu kaufen (siehe Bezugsquellen auf Seite 99). Eine kleine vierkantige Raspel, die du in gut sortierten Eisenwarengeschäften finden kannst, ist ebenfalls nützlich. Versäubere das Loch, bis der Erl fast passt. Das letzte Stückchen wird mit dem Hammer eingeschlagen. Es macht nichts, wenn kleine Spalten bleiben. Diese werden nach dem Vernieten mit Holzkeilen dicht verschlossen. Dagegen ist es sehr wichtig, dass die Schultern am Erl ohne Luft an den Griff anschließen, weil sich dort sonst Dreck und Feuchtigkeit sammeln kann. Kennzeichne das Griffstück so, dass beim probeweisen Einsetzen die Klinge immer gleich eingesteckt wird.

Das Nieten Setze die Klinge fest in den Schraubstock, so dass 1 mm Luft zwischen Griff und Schraubstock bleibt. Ein Kupferblech im Schraubstock schützt die Klinge vor hässlichen Abdrücken. Verleime den Erl mit Holzleim. Die Verleimung lässt sich losschlagen, wenn du in der Zukunft die Klinge einmal wechseln möchtest. Jetzt schlage das Griffstück fest.

Mach dir kleine Holzkeile, die auf jeder Seite mit Leim zwischen Erl und Griff eingetrieben werden. Schneide danach den Erl mit einer Eisensäge ca. 0,5 mm oberhalb des Griffstückes ab.

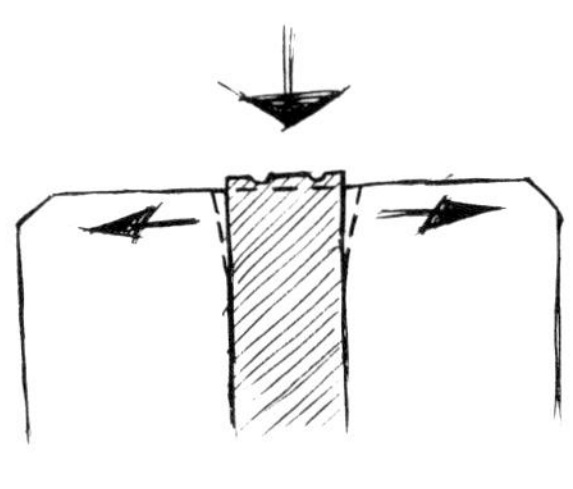

Verniete den Erl, indem du mit dem Körner zwei Markierungen punzt, die das weiche Metall seitlich auseinander drücken. Schlage dann mit dem Kugelhammer auf den Erl, bis das Material sich ausdehnt. Fülle eventuelle Lücken an der Seite der Klinge mit kleinen, eingeleimten Holzkeilen. Achte sorgfältig darauf, dass alles dicht wird.

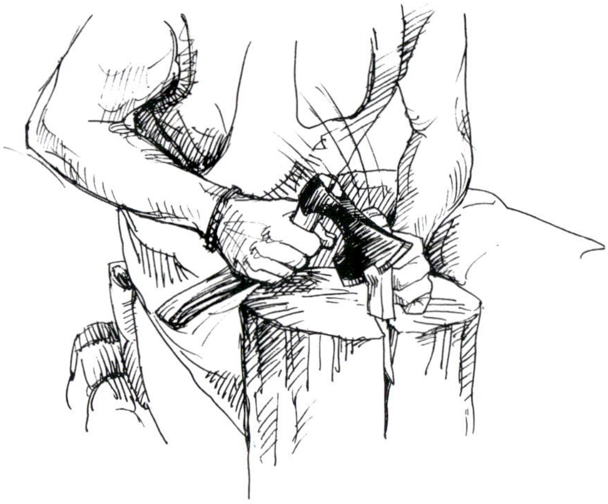

Forme den Griff vorsichtig mit der Axt. Hast du in deinem Hauklotz einen Trocknungsriss, kannst du die Messerklinge dort hineinstecken .

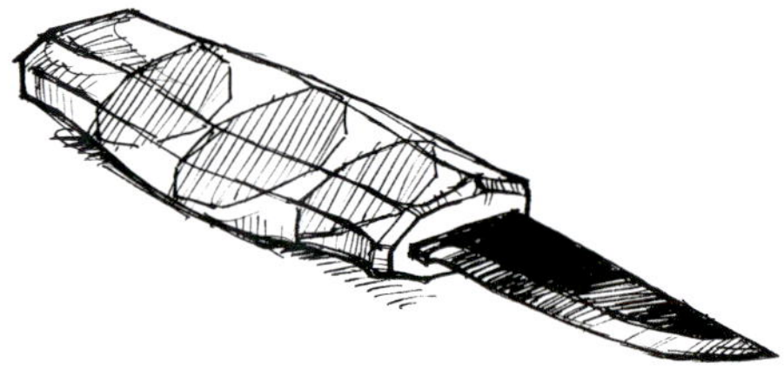

Die Griffform im Querschnitt.
Die Spulenform liegt perfekt in der Handfläche.
Es ist auch vorteilhaft, dass die Hand eine kleine Verdickung des Schaftes kurz vor der Klinge erfühlt. Diese dient auch als ein kleiner Handschutz.

Drücke dein Werkstück beim Schnitzen mit dem Schultergriff gegen die Kante des Hauklotzes. So hast du gute Kontrolle und Kraft (siehe oben).

Während des Schnitzens spürst du, wie der Schaft bei unterschiedlichen Griffen in der Hand liegt. Ein Modell, das sich über Generationen entwickelt hat, ist der spulenförmige Schaft des Mora-Messers.

Rindenscheiden

Am leichtesten lässt es sich mit frischer Rinde arbeiten. Nimm die Rinde von einer um im Frühsommer frisch gefällten Birke. Dann löst sich die Rinde leicht vom Stamm. Entferne aber niemals Rinde von Bäumen, ohne die Erlaubnis der Waldeigentümerin oder des Waldeigentümers eingeholt zu haben.

Rindenstücke werden flach liegend in einem Keller aufbewahrt. Die Rinde wird mit der Zeit spröde, aber man kann sie in lauwarmem Wasser einweichen. Schneide einen Streifen heraus, der ungefähr 10-12 mm breiter ist als die Klinge. Er muss viermal so lang sein wie die Klinge. Reinige die Rinde auf der Außenseite. Schneide und kratze mit dem Messer, bis der Rindenstreifen gleichmäßig dick ist. Biege die Rinde zuerst in der Mitte und falte dann die Enden so ein, dass sie 1 cm vor dem ersten Falz enden. Die Länge sollte mindestens 1 cm mehr als die der Klinge betragen. Die Enden werden angefast, damit sie dünner werden. Werden die Wurzeln nicht direkt herumgewickelt, setzt man die gefaltete Rinde in eine Presse.

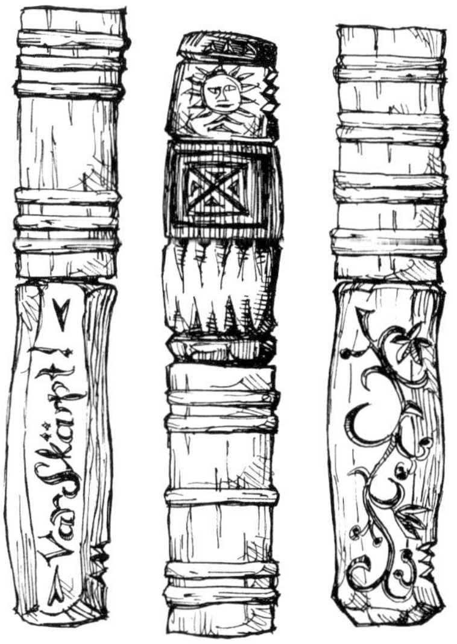

Hier drei Beispiele, wie man einen Griff verzieren kann. Sowohl die Verzierung als auch die geschnitzte Oberfläche geben der Hand guten Halt.

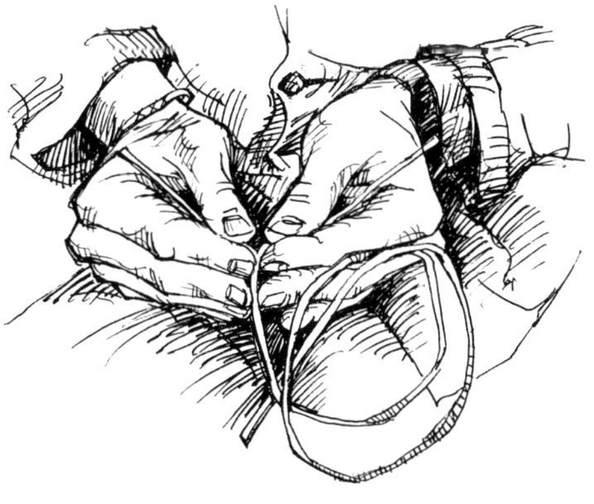

Spalte die Wurzel vorsichtig mit den Fingern.

Wurzeln Die Wurzeln werden von einem Birkenbestand genommen, der an einem Acker liegt, wodurch die Wurzeln lang und gerade wachsen können. Hast du eine Wurzel passender Stärke von 3-8 mm gefunden, kannst du die Erde aufhacken und ein Stück Wurzel von geeigneter Länge herausziehen. Entferne die Wurzelhaut mit einem Messerrücken auf deinem Bein. Willst du die Wurzel aufbewahren, rolle sie auf und lasse sie trocknen. Die Wurzeln werden wieder weich und biegsam, nachdem man sie 20 Minuten in warmem Wasser eingeweicht hat. Dann werden sie in der Mitte mit einem Messer eingeschnitten und anschließend durch Auseinanderziehen mit den Fingern gespalten. Wenn beim Halbieren der Trennspalt zur Seite ausläuft, hältst du am besten den dünneren Teil gerade und ziehst den dickeren Teil zur Seite, bis die Hälften wieder gleich stark sind. Dann spitzt du ein Ende mit dem Messer an und erhitzt es so, dass es trocknet und steif wird. Das geht einfacher als bei Holz.

Stecke die Wurzel zwischen die obersten gebogenen Rindenschichten und beginne damit, die Wurzel unter Spannung abwechselnd über und unter die äußere Rindenschichten zu wickeln. Um dir das zu erleichtern, kannst du den Weg für die Wurzel mit einer Ahle frei machen. Beende die Arbeit, indem du die Wurzelfaser unter einer zweiten fest einsteckst. Möchtest du, dass man die Rinde sieht, schiebe die Wurzel zwischen die beiden Schichten, wo die Wurzeln außerdem besseren Halt finden. Wenn die Wurzel trocknet, schrumpft sie und zieht die Naht zusammen.

Die Wicklung der Wurzeln beginnt man zwischen den Rindenschichten in der Nähe des Messergriffes und geht abwechselnd außen oder innen entlang, je nachdem welches Muster man haben möchte.

Löffel und Kellen

In der Küche will man sich mit vielen verschiedenen Arten von Löffeln und Kellen umgeben. In meiner Küche gibt es große Schöpflöffel für Kompott, deren Laffen fast Schaufeln gleichen. Einige haben eine schräg stehende Laffe, so dass man durch die verschiedenen Schichten einer Lasagne schneiden kann. Es gibt außerdem für tiefe Dosen abgewinkelte lange Kellen und eine Menge kleiner Kellen mit kurzem Handgriff für verschiedene Soßen. Löffel dienen dazu, mit ihnen zu essen, während Kellen zum Servieren da sind. Wenn du ein perfekt krumm gewachsenes Werkstück findest, kannst du einen Löffel oder eine Kelle so herstellen, dass die Faserrichtung der Form der Laffe folgt. So werden sie sowohl dünn als auch über Jahrzehnte sehr haltbar.

Werkzeug Hauklotz, Bügelsäge, Spaltmesser, Klüpfel, Beil, Klappsäge (z.B. Pocket Boy, rot, 170 mm), Hobelpferd, Ziehmesser, Schnitzmesser (Mora-Messer 106), Hakenmesser (Mora-Messer Nr. 162 und 163, beide mit doppelter Schneide und in verschiedenen Radien oder Nr. 164, gibt es in Ausführungen mit der Schneide links oder rechts), Pinsel und Stift. Wenn du möchtest: Schleifpapier (Körnungen 120, 180, 220, 320 und 400).

Material Ein krumm gewachsenes, frisches l- oder s-förmig gebogenes astfreies und hartes Laubholz. Vermeide Rohlinge, die beim Blick auf die Rinde verdreht gewachsen aussehen. Dann verdreht sich der Riss beim Spalten und ergibt ein Werkstück, das schwierig zu handhaben ist. Durchmesser zwischen 45–85 mm. Rohes, kaltgepresstes Leinöl. Künstlerölfarbe.

Die Form des Werkstückes bestimmt, welchen Typ Löffel oder Kelle du machen wirst. Versuche, den Bogen genau dort zu platzieren, wo die Laffe sitzen soll, um den Fasern zu folgen und eine so große Laffe wie möglich herzustellen. Suche zwischen Griff und der Hinterkante der Laffe nach einem Punkt, an dem sie in einem Winkel aufeinandertreffen werden. Das ergibt die Kröpfung zwischen Griff und Laffe. Der Griff kann parallel zur Laffe liegen oder schwach nach oben abgewinkelt sein.

Die Stabilität und Lebensdauer des Löffels hängt davon ab, wie die Faserrichtung und die Form miteinander harmonieren. Es ist wichtig, dass der Radius der Laffe in die Biegung des Werkstückes passt. Dann bleibt die Faserrichtung vom Boden der Laffe bis hinauf an die Spitze ungebrochen, und der Löffel wird robust und widerstandsfähig.

Nimm das krumm gewachsene Werkstück

Es ist spannend, auf die Jagd nach guten Werkstücken für Kellen zu gehen. Untersuche die Stämme aufmerksam, um die richtige Biegung zu finden. Das ist der besondere Reiz, wenn man einen Löffel oder eine Kelle machen will. Oftmals wächst krummes Holz in alten Gräben oder an Böschungen. Manchmal hat ein toter Ast bewirkt, dass das Holz seine Richtung verändert hat. Dann wurde der tote Ast überwachsen oder vernarbte und es entstand auf der Oberfläche eine Schicht mit gebogenen Fasern, die sich perfekt für eine Laffe eignet, wenn sie eine Stärke von über 4 mm hat. Wenn auf der Außenseite des Bogens noch Reste des toten Astes vorhanden sind, dann ist das Werkstück wertlos. Nimm niemals bananenförmige Werkstücke, weil es dann sehr schwierig ist, die für die Funktion des Löffels wichtigen Winkel hinzubekommen.

Säge den Ast mit der Bügelsäge oder Klappsäge mit etwas Sicherheitsabstand vom Rohling für den Löffel entfernt ab, damit sich an der Biegung, an der die Laffe sitzen wird, keine Risse bilden können. Mache danach einen Schnitt in der Nähe der Laffe, so dass das Holz nicht mehr so schwer ist. Versuche, die Sägeschnitte rechtwinklig zur Achse des Rohlings anzulegen, so dass das Werkstück gut auf dem Hauklotz steht.

Vor dem Spalten schnitzt du die Rinde an den Seiten ab, damit du kontrollieren kannst, dass der Spalt nicht verdreht verläuft.

Spalte zwei Werkstücke für Löffel heraus

Es gibt zwei Gründe, warum man den Rohling durch die Markröhre spaltet. Das Holz ca. 10 mm um die Markröhre herum ist der innerste Teil des Kernholzes. Das

Holz ist hier instabil und porös und reißt leicht, wenn es Feuchtigkeit ausgesetzt wird. Deshalb muss dieses Holz entfernt werden, wenn die Kelle benutzt werden soll.

Der zweite Grund ist, dass beim Spalten sich der Riss selbst einen Weg in Richtung der Markröhre sucht und der gebogenen Form folgt.

Setze das Beil oder das Spaltmesser im 90-Grad-Winkel zur Biegung an. Wenn der Rohling keine verdrehte Faserstruktur hat, spaltest du vom geraderen Teil aus, dort wo der Griff sitzen wird. Das ist normalerweise einfacher, weil der Rohling sicherer auf dem Hauklotz steht.

Spalte vom Ende der Laffe ausgehend, wenn du eine Drehung im Rohling vermutest.

Wenn der Rohling eine starke Biegung hat, können Parallelrisse beim Spalten entstehen, die bewirken, dass du für die Laffe weniger Material zur Verfügung hast. Dann kannst du oberhalb der Laffe die Spaltlinie zunächst ein Stück einsägen. Spalte dann mit dem Spaltmesser oder Keilen im Sägeschnitt weiter.

Nach dem Spalten schlägst du mit dem Beil das Holz in der Nähe der Markröhre weg. Wenn der Rohling richtig gut ist, bekommst du einen Rohling für einen Löffel mit einer kleineren Laffe aus der inneren Biegung und einen größeren für eine Kelle aus dem äußeren Bogen.

Der Rohling für die Kelle: Seitenansicht. Einige Orientierungslinien für den Faserverlauf in Längsrichtung der Kelle.

Schnittrichtungen

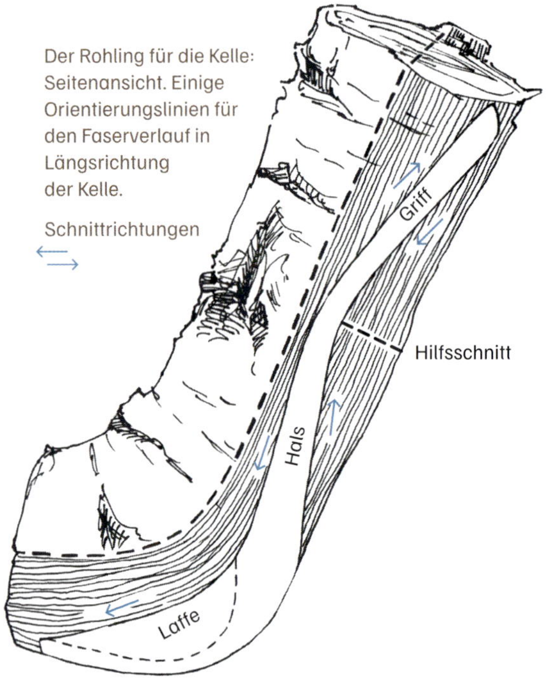

Lege die Form fest

Schlage oder schnitze die gesamte Rinde ab und glätte die Oberfläche mit dem Ziehmesser. Zeichne die grobe Form auf, um die Winkel für die Bearbeitung mit dem Beil zu finden.

Stell dir die Form der Kelle von der Seite und von vorne gesehen vor. Ich nenne das Seitenansicht und Vorderansicht. Von der Seite gesehen hat die Kelle ein oder zwei Abwinklungen zwischen Laffe, Hals und Griff. Die Winkel bilden im Endergebnis eine leichte S-Form. Der Griff sollte dünn sein, weil es angenehm ist, ihn zwischen Daumen und einem gebogenen Zeigefinger zu halten. Der Hals sollte kräftig sein, um die Beanspruchungen durch die Laffe aufnehmen zu können. Die Laffe sollte gleichmäßig dünn sein, aber außen um den Rand herum und an der Hinterkante etwas kräftiger, was für einen reibungslosen Umgang mit Speisen sorgt.

In der Vorderansicht sollten der Handgriff breit und der Hals schmal sein, um die Formen der Seitenansicht zu komplementieren.

Die Proportionen von Hals und Griff werden durch die Größe der Laffe und den Anwendungsbereich bestimmt. Will man die Kelle in tiefen Gefäßen benutzen, werden Schaft und Handgriff gerader und nur in der Nähe der Laffe abgewinkelt.

Selbstverständlich kannst du auch gerade gewachsenes Holz verwenden. Dann musst du die Stärke der Laffe verdoppeln, um zu kompensieren, dass die Fasern angeschnitten werden und deshalb leichter reißen. Zeichne die Form so auf, dass du in der Laffe so gerade und lange Fasern wie möglich erhältst.

Formgebung mit Beil und Ziehmesser

Arbeite zuerst die Vorderansicht aus. Entferne grob das Material an beiden Seiten von Hals und Griff. Schlage zuerst gleichmäßig tiefe Kerben mit dem Beil und schlage das dazwischen liegende Holz fort, bis es glatt wird.

Wechsle nun zur Seitenansicht. Es ist wichtig, dass die Kröpfungen an den unterschiedlichen Teilen gut werden. Normalerweise schlägst du an drei Stellen Material ab:

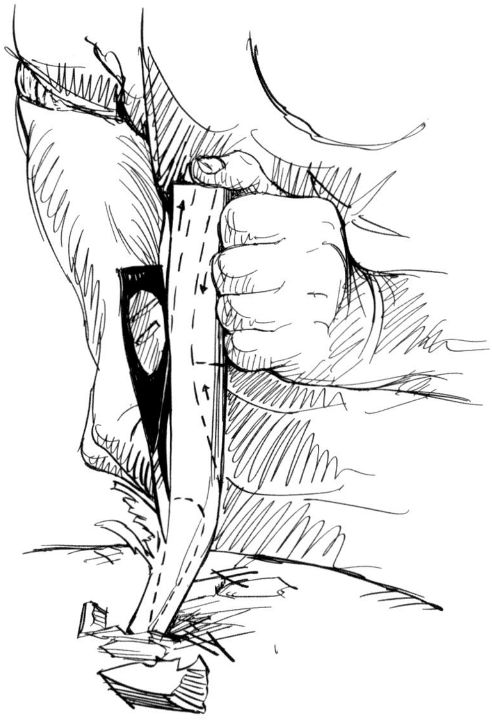

Seitenansicht. Es erscheint einem etwas merkwürdig, die Biegung abzuschlagen, aber das ist die Innenseite der Laffe, die dem Faserverlauf folgen soll. Um mit der Spitze des Beils in die Ecken zu gelangen, kannst du das Werkstück auch flach hinlegen und quer zu den Fasern schlagen. Bevor du die Form aufzeichnest, wird die Oberfläche mit dem Scherengriff glatt geschnitzt.

1. Der Bogen oberhalb der Laffe. Schlage mit dem Beil eine schwache, flach konkave, fast plane Oberfläche für die Laffe heraus, so dass das Werkstück von der Seite gesehen spitz zuläuft.
2. Zwischen Hals und Griff wird der Winkel verändert und die Form verschlankt. Hier kann es sein, dass du aus zwei Richtungen hauen musst, weil die Faserrichtung auf der Unterseite sich manchmal ändert. Falls du viel Material wegnehmen musst, hilft es auch, am tiefsten Punkt der Biegung einen Sägeschnitt zu machen.
3. Die Oberseite des Griffes. Passe die Stärke des Griffes an und schnitze ihn glatt.

Du kannst den Rohling für den Löffel auch im Hobelpferd einspannen, um die Oberflächen zu glätten.

Geh zur Draufsicht zurück, um den Hals herzustellen. Wenn du viel Material abtragen musst, kannst du zwischen den Arbeitsschritten, die in der Seitenansicht und jenen, die in der Vorderansicht gezeigt werden, wechseln.

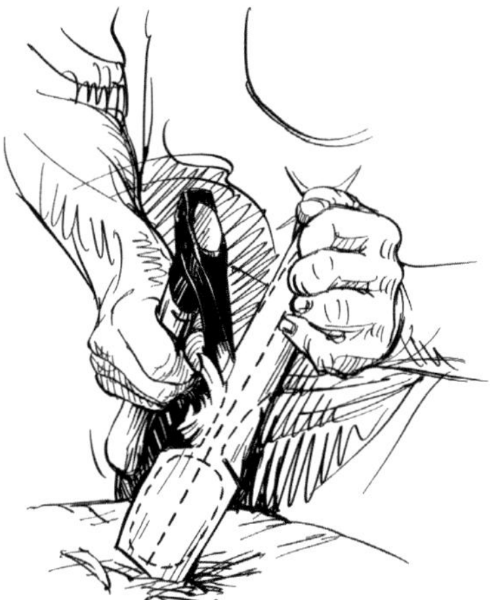

Vorderansicht. Die Laffe ist mit dem Schnitzbeil schwierig herauszuhauen. Schnitze eine v-förmige Kerbe oder mache mit der Säge einen Schnitt schräg zum Schaft hin. Wenn du später auf den Sägeschnitt hinarbeitest, um den Schaft schlanker als den Handgriff zu machen, musst du extrem vorsichtig sein. Wenn die Schneide der Axt in das Hirnholz am Ende der Laffe eindringt, gibt es Risse. Stoppe kurz vor dem Einschnitt und brich das Holz mit dem Beil fort. Es ist eine Alternative, das Material später mit dem Dosenöffnergriff wegzuschnitzen.

Jetzt ist die grobe Formgebung fertig. Wenn die Kelle symmetrisch werden soll, markiere einen Mittelpunkt am vorderen und am hinteren Rand der Laffe. Ziehe eine gerade Linie zwischen den Punkten, und verlängere die Linie auf den Schaft hinaus. Zeichne die äußere Form der Laffe nochmals auf. Jetzt kannst du präziser werden und ein klares Empfinden für die zukünftige Form der Kelle entwickeln. Auf eine ganz einfache Weise kann man die Form deutlicher erkennen. Halte das Werkstück mit ausgestrecktem Arm vom Körper weg und betrachte es von vorne und von der Seite.

Das Schnitzen mit dem Messer

Beginne damit, die Größe der Laffe und die Form der Außenkante zu definieren. Schnitze an der Außenseite der Laffe rundherum eine rechtwinklige Kante von ca. 2 mm. So wird die Laffe stabilisiert und du hast sie an den Rändern etwas kräftiger, wenn du im späteren Arbeitsprozess die Kanten rund um die Laffe anfast.

Benutze die verschiedenen Schnitzgriffe wie den Scherengriff, den Handwurzelgriff, den ziehenden-Griff und den Dosenöffnergriff (siehe Schnitzgriffe, Seite 88), welche kraftvoll sind und sich gut kontrollieren lassen. Glätte die Oberflächen mit gleichmäßigen, langen Zügen. So erhältst du deutliche Fasen, welche die Form hervorheben. Lasse die Fasen im Übergang zwischen dünnem und dickem Material breiter oder schmaler werden. Wechsle die Griffe des öfteren. An der Unterseite des Hals zur Unterseite der Laffe hin mache ich gewöhnlicherweise zwei Fasen, die einen Rücken bilden, damit der Schaft nicht plump und dick wirkt. Ein geeigneter Griff an der Rückseite der Laffe in der Biegung hin zum Schaft ist der unterstützte-ziehende-Griff mit schiebenden, drückenden Fingern.

Das Schnitzen ist ein Teil eines Formgebungsprozesses. Fokussiere dich auf die Funktion und die Stärke des Werkstücks. Wäge die Proportion zwischen Griff, Hals und Laffe ab. Denke daran, dass die Fasen ein Linienspiel erzeugen, welches mit der Form interagiert. Fase die Ecken ab, wenn du die Form aus der Seiten- und der Vorderansicht als gut empfindest.

Das Aushöhlen der Laffe

Um die Laffe innen auszuhöhlen, zeichnest du dir zuerst 3 mm von der Kante entfernt eine Stopplinie und höhlst dann mit einem Hakenmesser aus. Zeichne an der Hinterkante der Laffe die Wand ein wenig dicker auf, um in dem spröden Hirnholz mehr Material zur Verfügung zu haben.

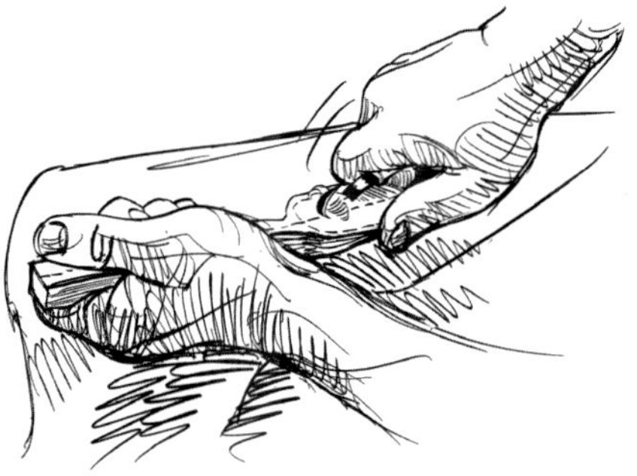

Nimm das Hakenmesser zwischen die Finger. Der Griff ist der ziehende-Daumen-Griff, (siehe Seite 89), hier mit dem Hakenmesser. Stütze das Werkstück auf dem Knie ab und schnitze quer über die Faserrichtung, indem du das Hakenmesser zum Daumen hin ziehst. Drehe das Hakenmesser im Radius der Aushöhlung, wobei du den Ellenbogen nach außen drehst. Presse die konvexe Schneide des Hakenmessers hinunter in das Holz, um dort Halt zu finden. Schneide nach und nach mehr mit dem Faserverlauf. Um den richtigen Schnittwinkel zu treffen, benötigst du bei diesem Griff Übung. Willst du deinen Daumen schützen, kannst du schon ein Pflaster verwenden, bevor du dich verletzt.

Bist du rechtshändig, benutzt du ein Rechtshänder-Hakenmesser. Das ist so angeschliffen, dass ein Rechtshänder damit gut Kartoffeln schälen könnte. Du benötigst aber auch ein Linkshänder-Hakenmesser. Von vorne gesehen ist es schwierig, die linke Ecke sauber zu schnitzen. Nimm das Hakenmesser für Linkshändige in die rechte Hand und lenke es mit dem Daumen der linken Hand auf dem Rücken der Klinge während du gleichzeitig eine drehende Bewegung beim Schneiden machst.

Die Form der Laffe entsteht und wird, während du daran arbeitest, immer präziser. Der tiefste Teil und der größte Radius liegen nahe am Hals, um dann zur Spitze hin flacher zu werden. Bearbeite abwechselnd die Außenseite und die Innenseite, und kontrolliere die Stärke zwischen Daumen und Zeigefinger. 3–4 mm sind normal, aber wenn du der Richtung der Fasern in der Laffe folgst, kannst du unten bis auf 1 mm Stärke heruntergehen und es hält noch immer. Mache immer die Spitze der Laffe einen Hauch dicker, um die dort größere Abnutzung zu kompensieren. Wenn du den Faserverlauf anschneiden musst, um eine zweckmäßige Aushöhlung zu erreichen, legst du einige Millimeter in der Stärke hinzu. Für Esslöffel empfiehlt sich eine Tiefe von circa 7 mm, damit das Essen nicht im Boden der Laffe zurückbleibt. Prüfe die Form, indem du sie im Mund testest!

Trocknen und Sauberschneiden

Um einen feuchtes Werkstück zu trocknen, ist die einfachste Methode, es in einen Stofflappen zu wickeln und es einige Tage bis zu einer Woche bei Raumtemperatur trocknen zu lassen. Wenn das Werkstück trocken ist, ist es an der Zeit es sauber zu schneiden. In rohem Zustand ist es schwierig, dort wo gegenläufige Faserrichtungen aufeinandertreffen mit dem Messer zu arbeiten, ohne Fasern auf der Oberfläche aufzurauen. Im trockenen Zustand kann man alle Oberflächen glätten und kleine Schnitzspuren und Macken beseitigen. Der Schnitzgriff mit überkreuzten Daumen ist gut, um das Messer so zu kontrollieren, dass du den Schnitt stoppen kannst, sobald du auf einen Faserrichtungswechsel triffst. Lange

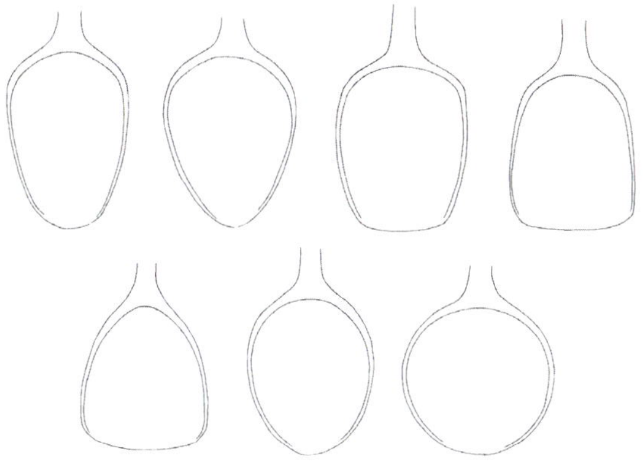

Verschiedene Formen von Laffen und Verzierungen der Griffenden, gezeichnet von Wille Sundqvist.

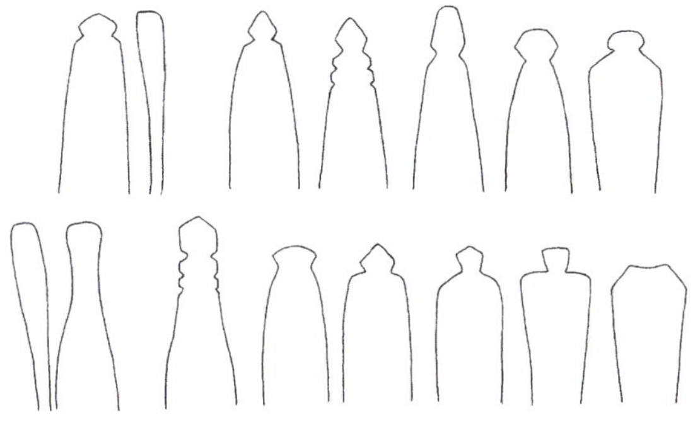

Fasen kannst du gut schneiden, indem du den Daumengriff anwendest.

Gib dem Griff oben einen Abschluss durch einen kleinen Knauf oder eine Verdickung, so dass die Hand erfühlen kann, wo der Löffel endet. Denk darüber nach, ob du ein Ornament, eine Jahreszahl oder einen Namen in den Griff schnitzen möchtest. Traditionell macht man in Schweden eine Signatur auf die Rückseite.

Die Innenseite der Laffe sollte so glatt wie möglich sein, damit kein Essen haften bleiben kann. Mit dem Hakenmesser sauber schnitzen zu können erfordert eine scharfe Schneide und viele Stunden Übung. Schneide generell mit dem Faserverlauf.

Einfach aber langwierig ist es, die Innenseite der Laffe längs zur Faser sorgfältig mit dem relativ grobem Sandpapier (120er Körnung) zu schleifen. Wenn alle Riefen beseitigt sind, nimmst du immer feineres Sandpapier, bis du eine seidige Oberfläche hast. Befeuchte die Oberfläche leicht mit Wasser, so dass die Fasern sich aufrichten. Lasse es einige Stunden trocknen und schleife nochmals mit dem feinsten Sandpapier (400er Körnung).

Bemalung und Oberflächenbehandlung

Rohes, kaltgepresstes giftfreies Leinöl ist für Löffel und Schöpfkellen am besten geeignet. Die Oberfläche muss mindestens einige Monate getrocknet sein, damit kein Geschmack an warme Flüssigkeiten abgegeben wird. Ist die Oberfläche später mal abgenutzt, kann man sie neu mit Leinöl behandeln.

Willst du deiner Schöpfkelle Farbe geben, empfehle ich, dass du den Handgriff und den Schaft zur Hälfte dünn mit Künstlerleinölfarbe, die mit gekochtem Leinöl verdünnt wurde, bemalst. Danach lässt du die Farbe trocknen. Stelle danach die Laffe in eine Dose, die du mit rohem Leinöl bis zur bemalten Kante des Schaftes der Kelle auffüllst. Wenn sie dann einige Stunden darin gestanden und Öl aufgesaugt hat, lässt du sie eine Weile abtropfen. Putze sie ordentlich ab und lasse sie an der Luft trocknen. Das Öl härtet langsam aus, aber die Kelle ist schon nach einer Woche bereit, mit kaltem Essen benutzt zu werden.

Kleiderhaken aus Birke.
Kerbschnitzerei im Fingernagelmuster rechts.

Kleiderhaken

In älteren skandinavischen Bauernhäusern und norwegischen Kirchen findet man verschiedene Varianten einfacher und wunderbarer Kleiderhaken. Ein Teil des Stammes zusammen mit einem oder mehreren Ästen wird zu einem stabilen und einfachen Haken. Da der Rohling im großen und ganzen die Form bestimmt, muss man solche Teile mitnehmen, wenn man sie findet. Vorausgesetzt natürlich, dass du den Waldbesitzer gefragt hast. Selbstverständlich nur dann, wenn du keinen eigenen Wald besitzt, aber wer hat das schon? Haken und Kleiderhaken für Jacken, Hüte, Mützen Handschuhe und anderes sind im Hausflur sehr praktisch. Die Haken werden auf der Rückseite plan zugerichtet und die Enden mit Facetten und Knöpfen verziert.

Werkzeug Säge, Axt, Bohrer, Messer, eventuell Ziehmesser und Kerbschnitzmesser.

Material Birke, Eberesche, Fichte und verschiedene Obsthölzer eignen sich wegen ihrer Härte am besten. Auch andere Holzarten lassen sich gut verwenden, aber vermeide kurzfaserige Holzarten wie Grauerle, Weide, Linde oder schnellwüchsige Kiefer, wenn du eine zierliche Form erzielen möchtest. Es gibt nichts, was von Natur aus so stark ist wie der Ast eines Stammes. Äste sind Wind und Schnee ausgesetzt und werden auf natürliche Weise am Übergang zum Stamm sehr stabil. Der große Vorteil ist, dass du nichts zusammensetzen musst.

Der Rohling Wähle einen Baum aus, der auf einem offenen Feld oder an einem Weg wächst. Die Äste streben gegen das Licht und wachsen dichter als mitten im Wald. Suche ein Stück an einer Seite des Stammes aus, aus dem mehrere Äste hervorgehen und welches eine Länge von 25–35 cm hat. Denke darüber nach, wie die Kleiderhaken zukünftig praktisch funktionieren sollen. Die eine Hälfte des Holzes schlägst du ab, sodass du eine plane Oberfläche erhältst, mit der du die Haken an der Wand befestigen kannst. Fälle den Stamm an der Wurzel. Erwirb den gesamten Baum. Das, was man nicht für Gegenstände verwenden kann, lässt sich verfeuern. Schneide die Werkstücke für die Kleiderhaken heraus, aber gib an jeder Seite 10 cm hinzu. Die Äste werden 10 cm vom Stamm entfernt abgeschnitten. Säge vorsichtig, damit nichts reißt.

Das Zurichten mit der Axt

Zuhause richtest du dann die Rückseite deines Werkstückes mit der Axt zu. Mit Augenmaß wird die Rück-

Peile mit dem Auge und richte die Schneide im gleichen Winkel aus.

seite plan. Richte dich nach der Fase der Axt und schlage im selben Winkel zu. Setze dein linkes Bein seitlich des Hauklotzes und das rechte Bein gestreckt nach hinten, wenn du rechtshändig bist. Sollte die Axt abrutschen oder den Hauklotz verfehlen, hast du einen größeren Sicherheitsabstand zum Bein.

Nutze deinen gesamten Körper, um mehr Kraft aufbringen zu können. Halte den Stiel locker aber fest und schwinge den Axtkopf, um das Gewicht und die Bewegungsenergie zu nutzen.

Lass die Axt in einer kreisförmigen Bewegung in das Werkstück schlagen und greife mit der Hand fest zu, kurz bevor die Schneide auf das Werkstück trifft. So arbeitest du präzise und gleichzeitig kraftsparend. Werden deine Unterarme müde, mache eine Pause und dehne dich, indem du deine Handflächen auf eine waagerechte Oberfläche legst und nach vorne drückst.

Das Schnitzen

Wenn du ein Hobelpferd hast und sich dein Werkstück darin befestigen lässt, kannst du anfangen mit dem Ziehmesser zu schnitzen. (Lies mehr über das geniale Hobelpferd auf den Seiten 42 und 47). Aber du kannst selbstverständlich auch nur Axt und Messer benutzen. Mache schöne gleichmäßige Schnitte auf der Vorderseite und flache auf der Rückseite. Bestimme, wo das Bohrloch für den geschmiedeten Nagel oder die Schraube sitzen soll. Bohre ein Loch von 4–5 mm Durchmesser.

Denk dir am besten eine Verzierung oder eine spezielle Form rund um das Befestigungsloch herum aus, um den Eindruck zu verstärken, dass der Haken fest an der Wand sitzt.

Eine Materialstärke von 15 mm ist für die Stabilität notwendig. Jetzt kommt der Teil, der Spaß macht: Die Arbeit mit dem Messer. Beim Schnitzen eines Kleiderhakens sind die Äste oft im Weg. Nun musst du verschiedene Griffe anwenden. Teste selbst, um herauszufinden, was funktioniert. Einige der Griffe hast du bereits im Kapitel „Buttermesser und Tortenheber“ kennen gelernt (siehe Seite 11). Hier kommen weitere hinzu:

Der gekreuzte-Daumen-Griff Wenn du die Oberfläche glatt bekommen möchtest, musst du an den Stellen, wo sich die Faserrichtung ändert, kontrolliert arbeiten können. Schnitze abwechselnd aus verschiedenen Richtungen. Der Griff ist von der Schnitzhand aus gesehen eine Kombination aus schiebenden und ziehenden Bewegungen.

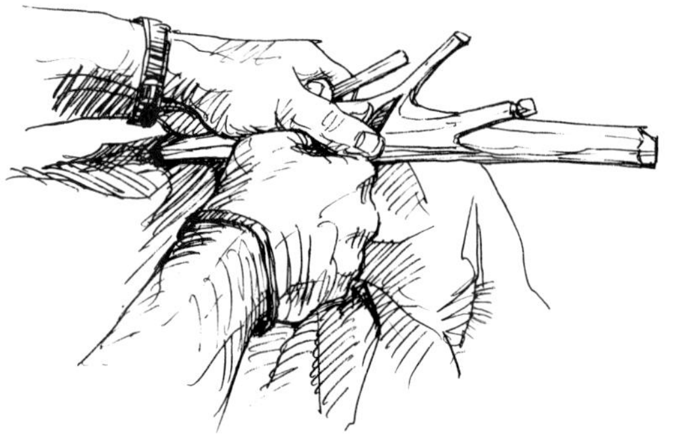

Erst kommt der ziehende Teil der Arbeit, der dem Griff an einem Dosenöffner gleicht. Halte die schnitzende Hand in der Nähe der Klinge und stütze dich ab, indem du den Daumen der messerführenden Hand abgespreizt an das Werkstück andrückst. Schiebe die Spitze, indem du die Klinge 90-Grad von dir abgewinkelt hältst, so, dass das Messer von der Spitze zum Ende der Klinge hin in das Holz gleitet. Drücke mit Ellenbogen und Schulter in einer kreisförmigen Bewegung von außen zum Zentrum hin, das durch den Daumen markiert wird. Der Daumen der anderen Hand drückt, oben auf den Rücken der Klinge gelegt, (siehe Bild oben) gleichzeitig die Fase hinunter in das Werkstück. So hast du eine bessere Kontrolle. Der Zeigefinger der Hand, die das Messer hält, bremst es, wenn es auf das Material trifft.

Die schiebende Bewegung ist eigentlich der Daumengriff. Wenn sich das Messer mit dem Ende der Klinge in der Nähe des Griffes im Holz befindet, drehst du das Messer um, so dass die Schneide von dir weg zeigt. Drücke sie wieder in das Holz und drücke mit dem Daumen der festhaltenden Hand nach vorn, während du gleichzeitig die Schneide vom Griff hin zur Spitze führst. Aber vergiss nicht, den Daumen der messerhaltenden Hand so zu führen, dass das Messer wie ein Hebel mit einer drehenden Bewegung in das Holz eindringt. Die Schneide muss in das Holz schneiden, sie darf das Material nicht wegdrücken! Jetzt bist du wieder in der Ausgangsposition für die schiebende Messerführung und kannst die Bewegungen wiederholen. Der Griff eignet sich auch sehr gut, um v-förmige Kerben oder Scharten an Knöpfen und Zapfen für Hakenleisten zu schnitzen.

Mit dem gekreuzte-Daumen-Griff wird das Schnitzen kontrollierter, genauer und effektiver.

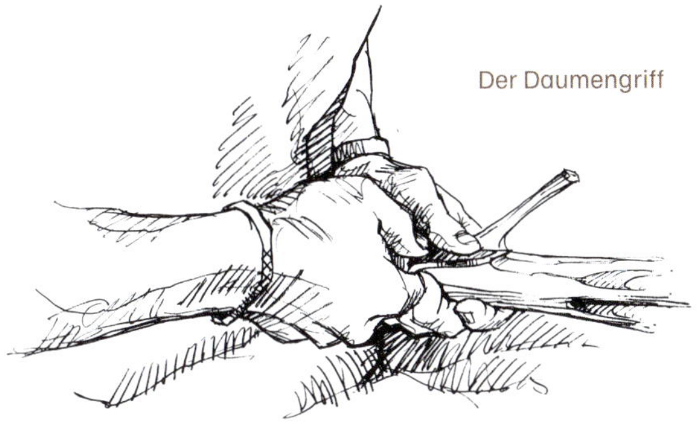

Der Daumengriff

Der Daumengriff In dem Winkel hinter dem Ast benutzt du die Rundung der Messerspitze und schiebst die Schneide mit dem Daumen nach vorn. Hier ist der Winkel der Schneide etwas stumpfer, während die Spitze schmaler ist, was die Drehbewegung erleichtert.

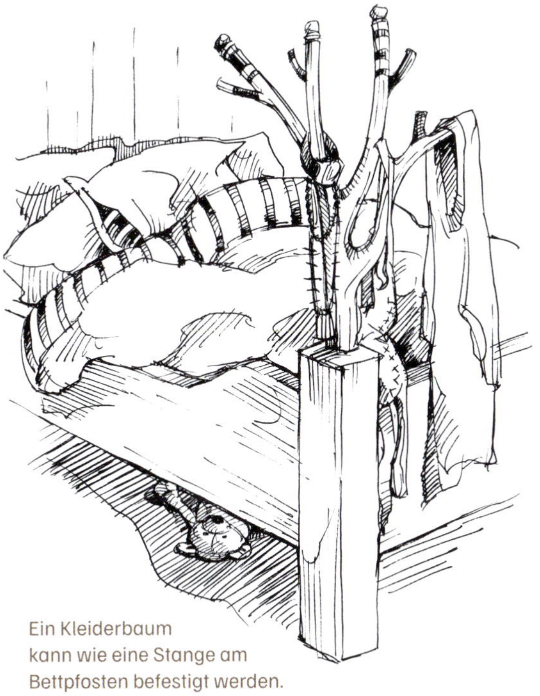

Ein Kleiderbaum kann wie eine Stange am Bettpfosten befestigt werden. Ein ungewöhnlich praktischer Bettkleiderständer.

Mit den Fingern der zweiten Hand vorschieben
Um zusätzliche Kraft und Richtung zu geben, kannst du auf dich zu schnitzen und dabei die Klinge mit den Fingern der zweiten Hand vorschieben. Hierbei dreht man den Daumenballen der Hand, die das Werkstück hält, und schiebt Zeigefinger, Mittelfinger und Ringfinger der selben Hand nach vorn, wobei sie auf dem Rücken des Messers zu liegen kommen. Die Finger geben zusätzliche Kraft, wenn du exakte Formen schnitzen musst. Durch die Drehung, die das Messer macht, um der Form zu folgen, wird es erleichtert, die Kraft mit einer drückenden Bewegung der Finger auf dem Messerrücken zu kontrollieren.

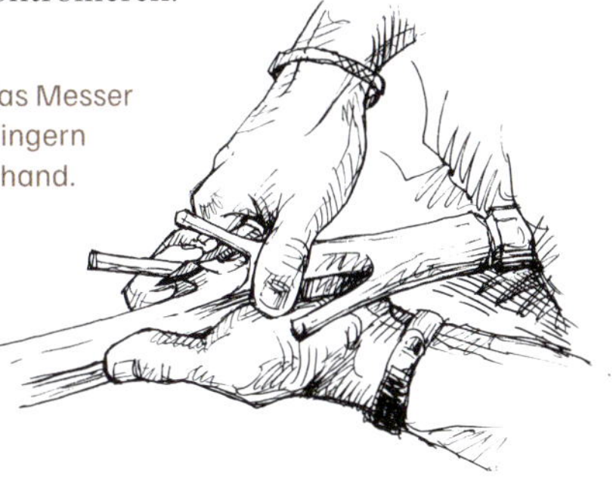

Drücke das Messer mit den Fingern der Haltehand.

Mache zuerst die grobe Schnitzarbeit und lasse das Werkstück danach eine gute Woche oder zwei bei Zimmertemperatur trocknen. Versiegele das Hirnholz mit Leim, um Risse zu vermeiden. Die große Herausforderung kommt auf dich zu, wenn du deinen Kleiderhaken versäuberst, feinschnitzt und glättest. Richte nun die Rückseite so zu, dass sie an einer glatten Oberfläche plan aufliegt. Die Faserrichtung des Holzes ist um die Äste herum oft unberechenbar. Dadurch hat man oft gegenläufige Fasern vor sich. Da muss man dann von der anderen Seite her schnitzen. Aber sei dabei nicht zu verbissen. Betrachte die Schwierigkeiten als eine nützliche Schnitzübung! Fase das Loch so an, dass Nagel- oder Schraubenköpfe versenkt werden können.

Zum Abschluss kannst du noch einen Namen oder eine Jahreszahl einkerben und den Kleiderhaken mit Künstlerölfarbe anmalen.

Knäufe und Verschlüsse

Ein hübscher und selbst geschnitzter Knauf ist eine der kleinen Freuden des Lebens. An den Knäufen von Schubladen, Garderobenleisten, Bechern in Schrumpftechnik und Spazierstöcken kannst du dich richtig auslassen. Sie bekommen mit den Jahren eine hübsche Patina. Gib den Knäufen eine persönliche Prägung. Schwelge in Formen. Wie bei allen feineren Schnitzarbeiten sind die Schnitz-Griffe wichtig, um ein gutes Resultat zu erzielen.

Werkzeug Beil, Japansäge, Messer, Hammer, eventuell Ziehmesser

Material Gerade gewachsene, trockene Birke

Eine Möglichkeit, Knäufe zu machen

Spalte ein gerade gewachsenes, trockenes Holzstück, das etwa 25 cm lang ist, heraus, und bearbeite das Werkstück im Hobelpferd mit dem Ziehmesser oder auf andere Art und Weise. Mache das Werkstück achtkantig, auch wenn die Knäufe rund werden sollen. Schneide die Enden sauber im 90-Grad-Winkel ab, und achte dabei auf Trocknungsrisse. Reiße an, wo der Zapfen beginnt, und mache einen Schnitt mit einer Säge, die eine sehr feine Zahnung hat, zum Beispiel mit einer Japansäge. Säge nicht zu tief, damit die Stärke des Zapfens erhalten bleibt. Säge auch einen Einschnitt am dünnsten Punkt des Knaufes. Das erleichtert das Schnitzen. Willst du mehrere Knäufe machen, kannst du dich gut nach den Einschnitten richten und die Abstände zwischen den einzelnen Teilen der Knäufe erkennen.

Eingesägte Markierungsschnitte

Nimm immer achtkantige Teile als Ausgangspunkt. Das hilft dir, einfache und klare Formen herzustellen.

Der überkreuzte-Daumen-Griff Halte die schnitzende Hand in der Nähe der Klinge und stütze dich ab, indem du den Daumen der messerführenden Hand abgespreizt an das Werkstück andrückst. Führe die Spitze, indem du die Klinge um 90 Grad von dir abgewinkelt hältst, so dass das Messer von der Spitze bis zum Ende der Klinge hin in das Holz eindringt. Drücke mit Ellenbogen und Schulter in einer kreisförmigen Bewegung von außen zum Zentrum hin, das durch den Daumen markiert wird. Der Daumen der anderen Hand drückt, oben auf den Rücken der Klinge gelegt, gleichzeitig die Fase hinunter in das Werkstück. So hat sie besseren Halt. Der Zeigefinger der Hand, die das Messer hält, bremst es, wenn es auf das Material trifft.

Dieser Vorgang ist eigentlich der schiebende Teil des Vorgangs beim überkreuzte-Daumen-Griff.

Der schiebende überkreuzte-Daumen-Griff

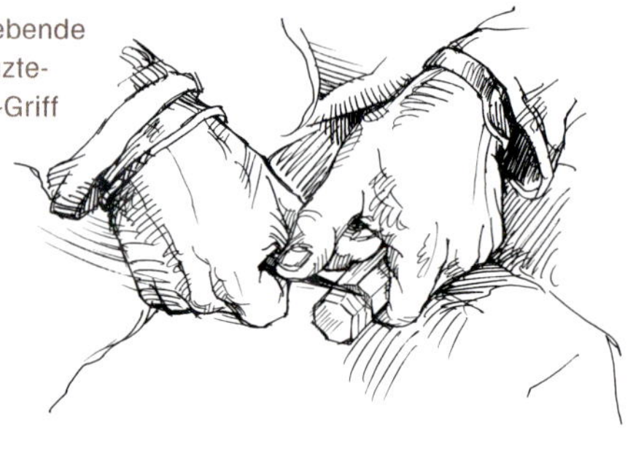

Der unterstütze Scherengriff

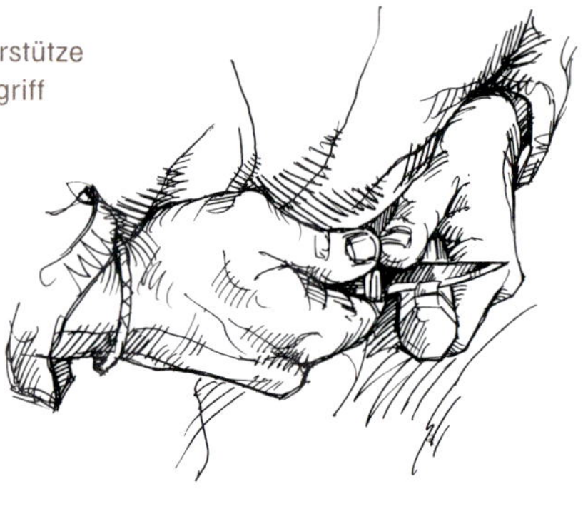

Der unterstütze Scherengriff Gehe vom Scherengriff aus (siehe Seite 89). Das Messer wird vom Griff zur Spitze geführt. Übe mit dem Daumen der zweiten Hand Druck aus. Wenn du eine konkave Form schneidest, ist es schwierig, die Fasern am Boden der konkaven Form zu bearbeiten. Drücke die Schneide gegen das Holz, während du gleichzeitig schneidest. Das bringt beim Glattschnitzen bessere Kontrolle.

Der überkreuzte-Daumen-Griff Die Schnitzhand drückt das Messer nach vorn, wobei die abgerundete Schneide an der Spitze der konkaven Form folgt. Hier kontrollierst du die Schneide mit dem Daumen der zweiten Hand. Er wirkt wie eine Bremse, sodass man nicht in die gegenüberliegenden Fasern schneidet. Manchmal funktioniert es am besten mit der Rundung an der Messerspitze. Eine genauere Beschreibung findest du im Kapitel „Kleiderhaken" (siehe Seite 25).

Der überkreuzte-Daumen-Griff.

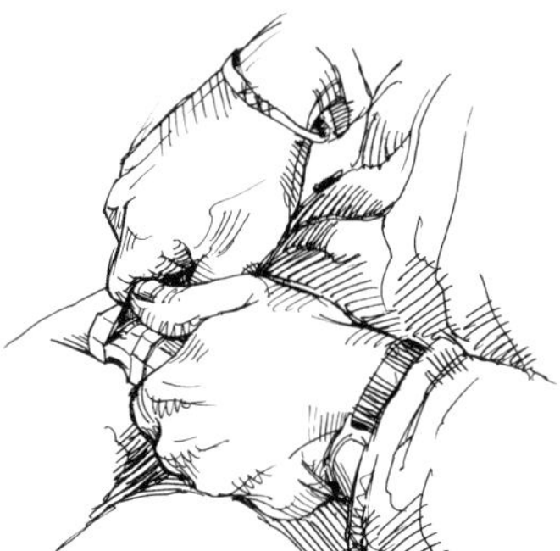

Das Schnitzen gegen den Daumen.

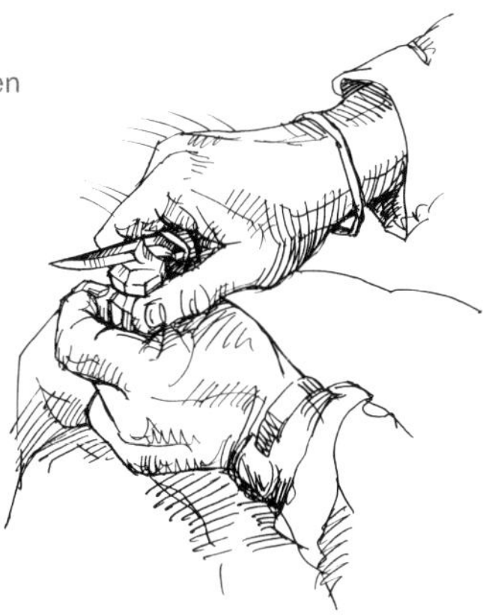

Schräg gegen den Daumen schnitzen Wenn du die achtkantige Spitze des Knaufes anfast, führst du das Messer in die Richtung des Daumens, aber oberhalb von ihm, während du ihn gleichzeitig nach vorn drückst. Setze das Messer in zwei verschiedenen Winkeln am Holz an: 45 Grad horizontal und 45 Grad abwärts, so dass die Spitze des Messers nach hinten zeigt. Dann schneidet man mit dem Teil der Klinge, der nahe am Griff liegt, und nicht mit der Spitze, damit das Holz nicht splittert. Drücke den Daumen nach vorn, so dass das Messer sich nach hinten bewegt, und drücke gleichzeitig gegen die Fase, während du die Hand zum Körper ziehst. Verändere den Winkel nicht. Wenn man schräg mit dem Messer schnitzt, ist der Winkel der Schneide kleiner, was bewirkt, dass das Messer leichter in das Holz eindringt. Das ist besonders nützlich, wenn man am Hirnholz schnitzt, welches deutlich schwieriger zu bearbeiten ist als Längsholz. Beachte die Illustration auf Seite 90).

Das Schnitzen des Zapfens

Der Knauf wird kräftiger, wenn der Zapfen eine Schulter erhält, wodurch eine größere Oberfläche zum Befestigen entsteht. Außerdem schützt diese Schulter die Schubladenfront vor schmutzigen Fingern und Abnutzung. Säge das Holz für den Knauf ab. Reiße einen Vierkant auf, der 1 mm größer als das Loch für den Zapfen ist. Stecke den Knauf in ein passendes Loch, und mache mit dem Messer einen Vierkant. Das geradwüchsige Material erleichtert es, so zu arbeiten. Du kannst das überflüssige Material auch mit einem Messer und dem Dosenöffnergriff (siehe Seite 91) entfernen und einen Vierkant herstellen. Schnitze diesen nun achtkantig. Fase die Enden des Zapfens an, damit er sich besser in das Loch drücken lässt. Es ist vorteilhaft, das Loch nicht auszuweiten.

Fertige einen vierkantigen Zapfen durch Abspalten mit dem Messer.

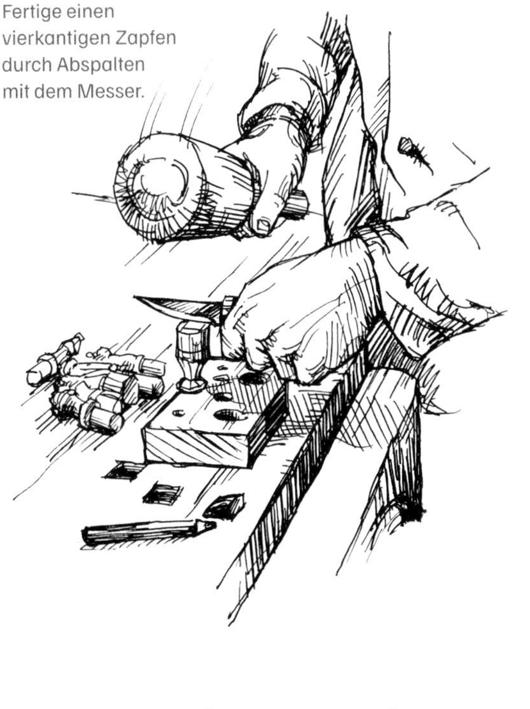

Deshalb prüfe den Zapfen in einem trockenen Probeloch, bis er stramm sitzt und ein quietschendes Geräusch verursacht, wenn man ihn dreht. Der Zapfen sollte einige Millimeter tief in das Loch gehen, so dass die Abdrücke dir das genaue Maß des Lochdurchmessers angeben (siehe auch Seite 80).

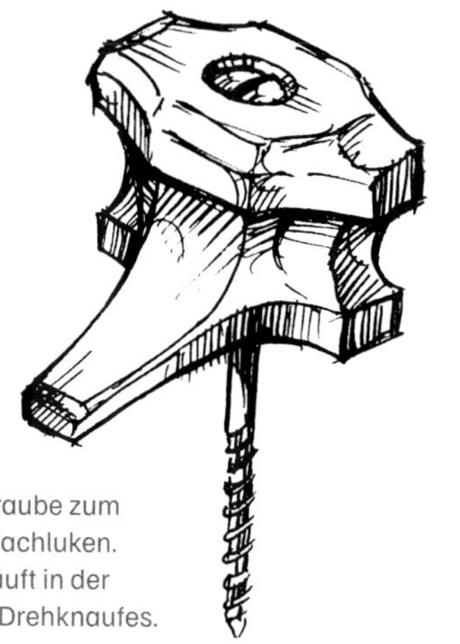

Drehknauf mit Schraube zum Verschließen von Dachluken. Die Maserung verläuft in der Längsrichtung des Drehknaufes.

Befestigung des Knaufes

Stecke den Knauf in das Loch. Markiere die Länge des Zapfens. Nimm ihn wieder heraus und säge die überschüssige Länge ab. Verleime und schlage den Knauf hinein. Mache mit dem Messer oder dem Stemmeisen einen Einschnitt in das Hirnholz des Zapfens im 90-Grad-Winkel zum Verlauf der Fasern im Deckel. Verleime und schlage einen kleinen Keil ein, bis alles fest sitzt. Um die Spitze auf dem Knauf nicht zu beschädigen, bohre ein kleineres Loch in ein Holzstück, und stelle die Spitze in das Loch (siehe Seite 80). Die Kanten des Loches geben beim Verkeilen Halt. Den überstehenden Rest des Keils schneide mit der Messerspitze ab.

Wenn die Schließe flach sein muss, bekommt der Zapfen eine so genannte „Schulter" am Übergang vom runden zum vierkantigen Zapfen. Die Schließe kann dann mit einem kleinen Keil gesichert werden.

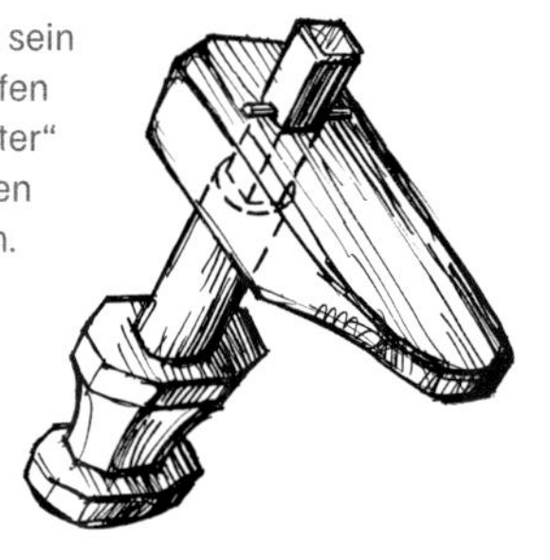

Drehverschlüsse

Drehverschlüsse aus Holz können sehr unterschiedlich aussehen. Sie müssen nicht rund sein, sondern können auch eine andere Form haben, damit man sehen kann, ob geöffnet oder geschlossen ist und damit sie sich leicht drehen lassen. Wenn die Schließe auf der Innenseite sitzt, findet man manchmal noch einen Drehknopf auf der anderen Seite. Das erleichtert die Befestigung der Schließungen auf der Innenseite. Der Knauf und der Zapfen werden aus einem Stück hergestellt. Der Knauf muss präzise hergestellt werden. Der Arbeitsweg ist der gleiche wie bei den anderen Knäufen. Es gibt eine Menge lokal unterschiedlicher Varianten. Versuche, bei einem Besuch in einem Freilichtmuseum alte Verschlüsse zu finden und skizziere sie. Diese wurden von vielen Generationen benutzt. Wenn sie heute noch funktionieren, handelt es sich bestimmt um eine gute Konstruktion.

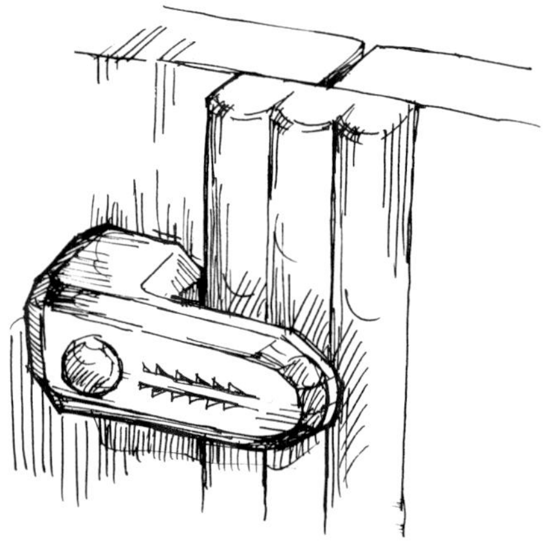

Eine einfache hervorragende Verschlusskonstruktion, die seitlich oder oberhalb von Schranktüren sitzt.

Schließe, Drehknauf mit Zapfen und ein Holznagel, der die Schließe auf dem Zapfen hält.

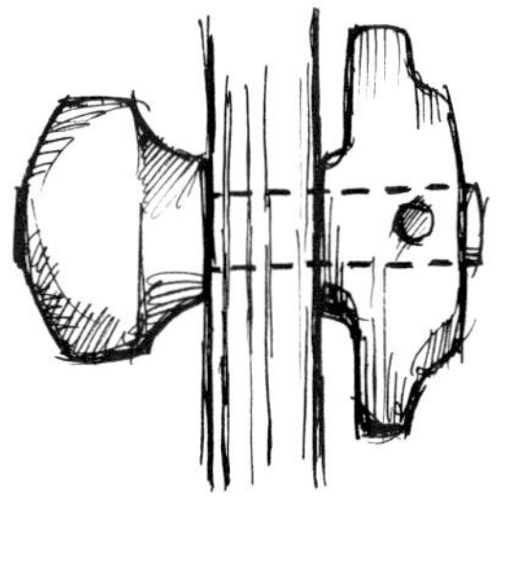

Hakenleiste

Eine Hakenleiste ist eine Leiste mit mehreren Aufhängern. Oder anders gesagt: Ein Brett mit verzierten Haken oder Knäufen. Das Wort „Leiste“ zeigt, dass man früher übrig gebliebene Abschnitte von Fußleisten oder ähnlichen Resten aus der Bautischlerei dafür verwendete. In Björkliden (Norsjö) sagt man „pigglist“ (bedeutet soviel wie „Pinnleiste“). Der Teil des Zapfens, der im Brett steckt, muss stramm sitzen. Wenn die Zapfen oder der Haken richtig trocken sind, also 3 bis 5 Prozent Restfeuchtigkeit haben, und die Leiste 10 bis 12 Prozent hat, so trocknet das Brett noch weiter, wobei das Loch schrumpft und so die Verbindung verstärkt. Zusammen mit dem Keil und der Schulter am Zapfen erhältst du eine stabile Konstruktion.

Hakenleiste aus Birke.

Werkzeug Beil oder Spaltmesser, Ziehmesser, Stechbeitel, Messer, Kerbschnittmesser, Geißfuß, Bohrwinde, Bohrer und Putzhobel

Material Trockene, gerade gewachsene Birke für die Haken und Aufhänger. Etwas hartes Laubholz für die Keile. Frische, gerade gewachsene Birke für die Leiste.

Die Leiste

Spalte die Leiste aus dem grünen Stück. Schnitze diese mit dem Ziehmesser auf dem Hobelpferd gerade und plan, oder benutze einen Schrupp- und Putzhobel auf der Hobelbank. Mache am besten ein grob geschnittenes Profil mit einem Schnitzeisen im noch frischen Zustand des Holzes, da es sich dann leichter bearbeiten lässt. Wenn das Holz nur noch eine Restfeuchte von 12 Prozent hat, kannst du es feinhobeln und eine Verzierung in Form einer v-förmigen Kerbe mit dem Kerbschnittmesser oder dem Geißfuß machen.

Markiere die Löcher für die Haken mit Hilfe eines Gummibandes. Mache dazu Markierungen mit 1 cm Abstand mit einem Kugelschreiber auf das Gummiband. Spanne es dann so über das Brett, dass sich die Markierungen gleichmäßig darauf verteilen. Zeichne auch an, wo die Löcher zur Befestigung von Nägeln oder Schrauben sitzen sollen. Eine gute Stelle ist zwischen den beiden äußersten Hakenpaaren.

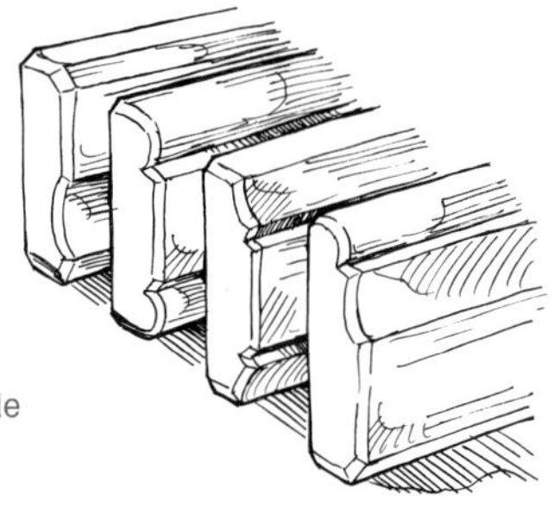

Gestaltungsbeispiele für Profile.

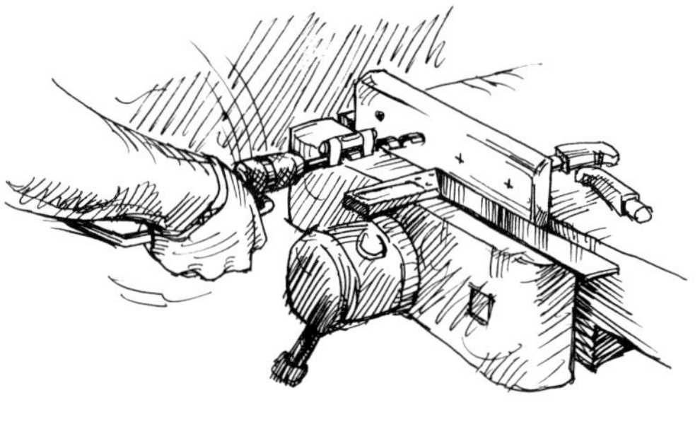

Um im rechten Winkel zu Bohren, befestige eine Mini-Wasserwaage auf dem Schlangenbohrer.

Löcher bohren Beginne von der Vorderseite her. Benutze eine Bohrwinde und einen Schlangenbohrer. Um ganz gerade zu bohren, kannst du eine Mini-Wasserwaage auf dem Bohrer befestigen und die Leiste waagerecht in die Hobelbank einspannen. Der Bohrer muss genau im 90-Grad-Winkel zur Leiste angesetzt werden. Richte ihn mit Hilfe der Libelle aus. Zwischendurch immer wieder kontrollieren. Wenn die Spitze des Bohrers auf der Rückseite erscheint, stoppst du, drehst das Werkstück um und bohrst von der anderen Seite. So vermeidest du hässliche Ausrisse am Bohrloch.

Aufhänger

Die Aufhänger können ganz unterschiedlich aussehen. Es ist vorteilhaft, wenn sie ein wenig nach oben gebogen sind. Dann rutschen die Kleidungsstücke nicht so leicht ab. Der Zapfen sollte eine Schulter haben, damit er stabiler ist. Wenn du willst, kannst du die Schulter auch nach unten versetzen. Das erfordert natürlich einen exakten 90-Grad-Winkel.

Schnitzmethoden findest du weiter hinten im Buch. Verziere das Brett, bevor die Haken eingesetzt werden. (Siehe dazu auch das Kapitel über Kerbschnitt, Seite 83)

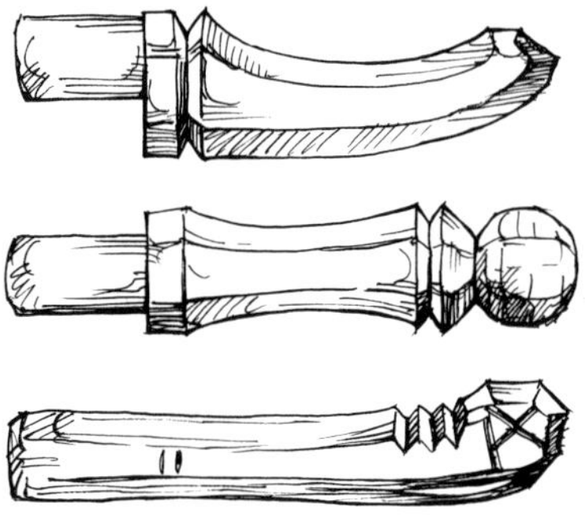

Beispiele für Haken. Wenn die Haken gebogen sein sollen, darf die Maserung nicht zu stark angeschnitten werden. Sonst können die Haken bei starker Belastung abbrechen.

Verkeilung Spalte das Material für die Keile aus hartem Laubholz (Für die Eigenschaften der Holzarten siehe Seite 36). Der Keil sollte einen Winkel zwischen 5 und 7 Grad aufweisen, an der Spitze ein klein wenig stumpfer. Er darf nicht konkav oder konvex sein.

Fase am dicken Ende des Keils die Kanten ab, so dass er nicht reißt, wenn du mit dem Hammer zuschlägst.

Säge die Zapfen bündig mit der Rückseite ab. Mache eine Markierung für den Spalt mit dem Messer auf dem Zapfen. Er sollte im 90-Grad-Winkel zum Faserverlauf der Leiste stehen. Achte darauf, dass die Spitze des Hakens so auf einer Unterlage steht, dass sie nicht beschädigt werden kann. Mache einen kleinen Klecks Holzleim auf den Keil und treibe ihn hinein, bis alles fest sitzt. Ritze mit dem Messer eine Kerbe auf beiden Seiten des Keils und breche ihn ab.

Ist der Zapfen zu klein, riskiert man sowohl am Haken als auch am Brett Risse. Versäubere die Enden der Zapfen mit dem Messer oder dem Stecheisen. Bemale die Hakenleiste dünn und schön mit Künstlerölfarbe.

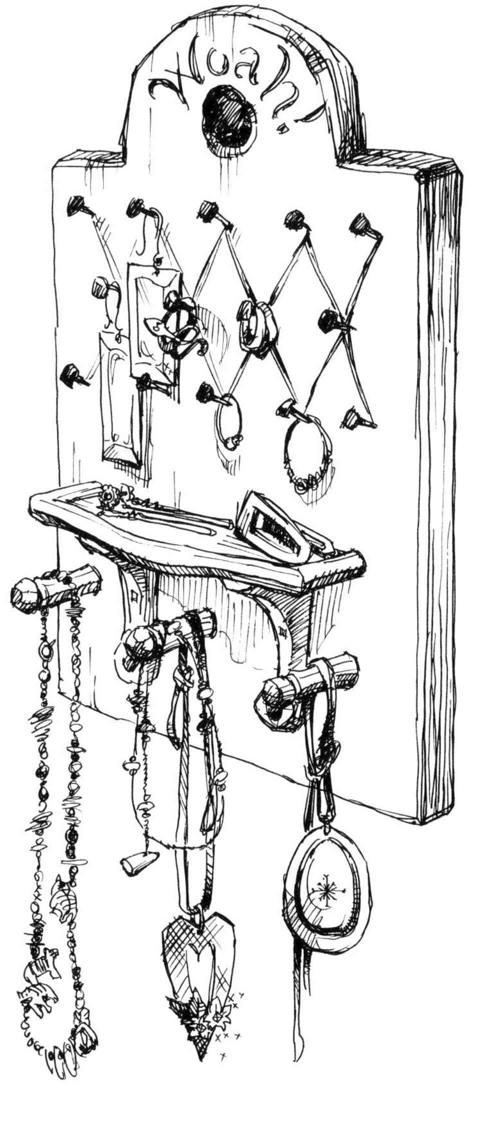

Ein Aufhängebrett für Kettchen und Ohrringe mit zwei gebogen gewachsenen Konsolen für die Ablage.

MATERIAL UND WERKZEUG

Material und Holzrohlinge

Ein gutes Material bestimmt die Funktion

Die Auswahl des Materials gründet sich ganz und gar darauf, was man herstellen möchte. Die Auswahl wird dadurch bestimmt, welche Qualität man erhalten möchte, um eine gute Funktion zu erreichen und davon, wie das Material sich bei der Herstellung bearbeiten lässt. Die Haltbarkeit, Härte, Zähigkeit, Wetterfestigkeit und manchmal auch Schönheit sind ein Teil der Eigenschaften, die bestimmen, welche Holzarten und welchen Teil des Holzes man nimmt. Deine Vorstellung von dem, was du herstellen möchtest, trifft auf das Material. In diesem Zusammenspiel verändert sich die Form. Deshalb bestimmst du die Materialauswahl und beurteilst das Werkstück selbst.

Gutes Material lässt sich leicht bearbeiten

Äste machen bei der Bearbeitung mit Schnittwerkzeugen große Probleme. Auch verdrehtes, geflammtes und beschädigtes Holz macht das Schnitzen komplizierter, weil du auf schlecht kontrollierbare, gegenläufige Fasern triffst. Es ist sehr wichtig, seine volle Aufmerksamkeit der Auswahl des Rohlings zu widmen. Ein Rohling soll mit dem Handwerkszeug, zu dem du Zugang hast, leicht zu bearbeiten sein. Nehme einen Rohling, bei dem du sicher bist, dass er die richtige Form und die richtigen Eigenschaften für das, was du herstellen willst, hat. Aber denke daran, dass du zuerst beim Waldbesitzer um Erlaubnis fragen musst!

Die Grundkriterien für einen guten Rohling Astfrei sollte er sein. Dazu sollte die Form des Rohlings schon nah an der Form liegen, die der Gegenstand später haben soll. Bei gebogenen Formen sollte man auch krumm gewachsenes Holz nehmen, so dass die Richtung der Maserung der Form folgt. Gerade gewachsen bedeutet, dass die Faserrichtung gerade verläuft, nicht verdreht oder gebogen ist.

Die Holzarten

Es gibt ungefähr 40 verschiedene Holzarten in Schweden. Bei den Holzarten, die ein deutlich abgesetztes Splintholz, besitzen, unterscheidet sich die Qualität zwischen Splint- und Kernholz. Das außen liegende Splintholz ist oftmals weniger fest, pilzanfälliger und weniger biegsam. Es gibt aber viele Ausnahmen. Zum Beispiel arbeiten die Spankorbmacher mit Kiefer, weil das Splintholz das einzige wirklich gute Material dafür ist, da es sehr biegsam ist. Hier folgt jetzt eine Tabelle mit den Eigenschaften der verschiedenen Hölzer vom Standpunkt des Holz bearbeitenden Kunsthandwerkers aus gesehen.

(Die Schrumpfungsprozente findest du im folgenden Kapitel.)

Holzart	Spaltbarkeit, gerader Wuchs	Härte, Verschleißfestigkeit	Biegbarkeit	Beständigkeit & Verrottungsfestigkeit	Schwinden & Quellen bei veränderter Luftfeuchtigkeit	Bearbeitung mit Schneidwerkzeugen
Apfel, Pflaume	Schwierig	Sehr hart, verzieht sich beim Trocknen		Mittel		Mittelschwierig
Birne	Schwierig	Sehr hart, verzieht sich beim Trocknen	Biegbar	Wenig	Wenig	Mittelschwierig
Bruchweide	Gut	Weich, aber zäh	Gut, unter Dampf	Wenig	Wenig	Leicht
Buche	Gut	Hart	Gut biegbar	Wenig, gut unter Wasser	Stark	Mittel
Eberesche	Schwierig	Hart und zäh	Gut		Mittel	Mittelschwierig
Eiche, Kernholz	Gut	Hart	Gut	Gut	Mittel	Mittel
Eiche, Splintholz	Schlecht	Weich	Schlecht	Wenig	Mittel, aber stärker als der Kern	Mittel
Esche	Sehr gut	Hart, zäh und stark	Sehr gut	Wenig	Mittel	Mittel
Espe	Gut	Sehr weich	Gut	Wenig, gut unter Wasser	Wenig	Leicht
Faulbaum	Schwierig	Hart	Gut	Wenig	Mittel	Mittelschwierig
Fichte	Gut	Sehr weich, aber Äste sind hart	Gut	Wenig	Wenig	Leicht
Flieder	Schwierig	Sehr hart				Schwierig
Grauerle	Gut	Weich		Wenig, gut unter Wasser	Mittel	Leicht
Hainbuche	Schwierig	Sehr hart		Wenig, gut unter Wasser	Stark	Schwierig
Hängebirke	Gut	Weich, aber härter als Moorbirke	Gut	Wenig	Mittel	Mittel
Hasel	Gut	Mittelhart	Gut	Wenig	Stark	Mittel
Kiefer, Kernholz	Gut	Weich	Mittel	Mittelgut	Mittel	Leicht
Kiefer, Splintholz	Gut	Sehr weich	Gut	Wenig	Mittel, aber mehr als der Kern	Leicht
Kirsche, Vogelkirsche	Schwierig	Mittelhart		Mittelgut	Stark	Mittel
Lärche	Gut	Weich, aber härter als Kiefer und Fichte, harzig	Schlecht biegbar	Mittelgut, Splintholz fäuleanfällig	Wenig – mittel	Leicht
Linde	Gut	Sehr weich	Gut biegbar	Wenig	Stark	Leicht
Mehlbeere	Sehr schwierig	Sehr hart, verzieht sich beim Trocknen	Gut biegbar	Wenig	Wenig – mittel	Mittelschwierig
Moorbirke	Gut, besser als Hängebirke	Weich	Sehr gut	Wenig	Mittel	Leicht – mittel
Pappel	Gut – Schwierig	Sehr weich		Wenig, gut unter Wasser	Wenig	Leicht
Salweide	Gut	Weich	Sehr gut	Wenig	Wenig	Leicht
Schwarzerle	Gut	Weich		Wenig, gut unter Wasser	Mittel	Mittel
Spitzahorn	Schwierig	Hart	Sehr gut	Wenig	Mittel	Mittelschwierig
Ulme	Schwierig	Mittelhart, stark	Gut, unter Dampf	Wenig – Mittelgut	Wenig	Mittel
Wacholder	Schwierig	Weich, aber zäh	Gut biegbar	Gut	Mittel	Leicht

Die Holzstruktur

Die Holzstruktur hängt davon ab, unter welchen Bedingungen ein Baum aufgewachsen ist. Wenn der Baum harte Bedingungen aufgrund von Wind, Standortverhältnissen und Schneemengen im Winter hatte, so wird das Holz unerfreulich in der Bearbeitung. Es kann krumm und verdreht sein und überwachsene Äste und Schäden haben. Manchmal gibt es außerdem auch Risse oder Schäden, die dem ungeübten Auge verborgen bleiben.

Wenn der Baum an einem Hang oder unter unregelmäßigen Lichtverhältnissen aufwuchs, entsteht Zug- oder Reaktionsholz. Das Holz wird auf einer Seite des Kerns stärker, um die Belastung auszugleichen. Bei Birken wächst der innere Bogen dicker, das ist so genanntes Zugholz. Bei Kiefer wächst der äußere Bogen dicker, das ist so genanntes Druckholz. Um gutes, gerade gewachsenes Material zu erhalten, sollte man versuchen, sich die Bedingungen vorzustellen, die ein junger Baum gehabt haben könnte. Das Ideal ist ein nicht allzu dicht gewachsener Wald, in dem der Baum für deine Werkstücke ungestört im Schutz der älteren Bäume aufwachsen konnte. Das kann man gut daran erkennen, wie die Rinde gewachsen ist, und dass sich vernarbte Äste deutlich erkennen lassen. Doch sind diese Erkenntnismöglichkeiten begrenzt. Man wundert sich immer wieder über das, was beim ersten Spalten des Holzes zum Vorschein kommt. In früheren Zeiten wurden schon die jungen Bäume entastet, was eine bessere Holzqualität brachte.

Beurteile dein Holz im Wald sehr genau, bevor du dich vergeblich bemühst. Beim Suchen im Wald stelle ich mein Sehen unbewusst auf die Form, die ich suche, ein. Für Löffel benötigt man einen s-förmigen Rohling, für Kellen sind l-förmige besser geeignet. Ist der Bogen genau 90 Grad, macht man daraus eine Konsole. Bei einem Stuhl sind die Winkel besonders wichtig, daher mache ich mir Schablonen aus Hartfaserplatte, die ich zum Vergleich mit in den Wald nehme.

Für den Stiel des Beiles nehme ich Wundholz, das über Narben gewachsen ist. Für einen Rechen verwendet man verschiedene Holzarten: Leichte Fichte für den Stiel, zähe Birke oder Wundholz für den Rechenkamm und langsam gewachsene Eberesche für die Zinken.

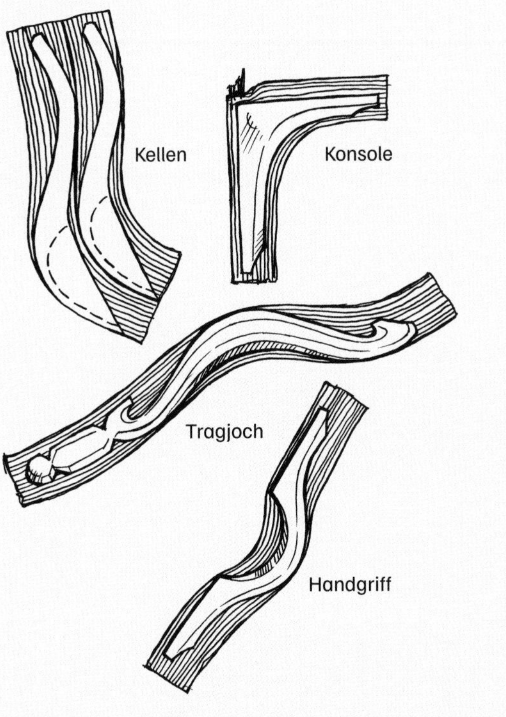

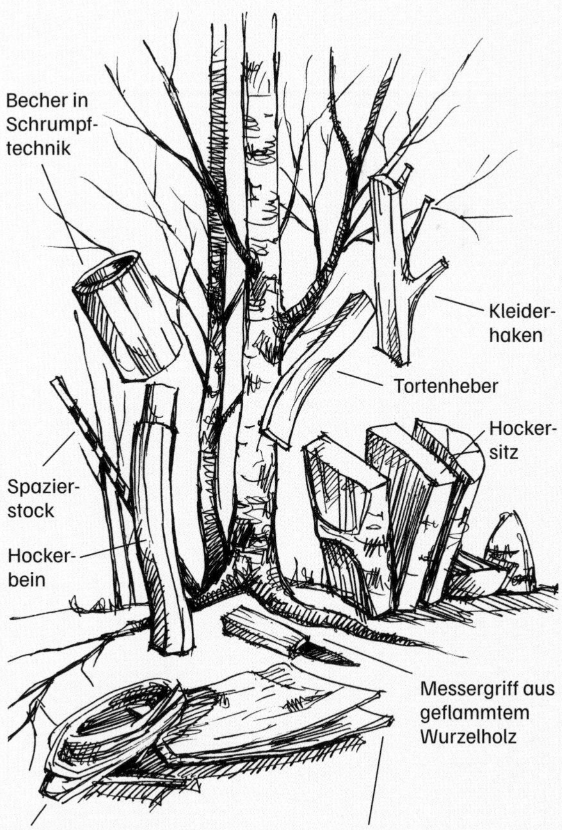

Woher kann ich meine Rohlinge bekommen?

Man darf, wie schon vorher erwähnt, nicht ohne die Genehmigung des Waldbesitzers Bäume fällen. Beim Katasteramt gibt es die entsprechenden Karten. Hier kann man den Namen und die Telefonnummer des Besitzers herausfinden. Die meisten Waldbesitzer begrüßen es, wenn man kleinere Bäume mit krumm gewachsenen Stämmen nimmt, denn diese sind beim Sägen schlecht zu handhaben. Bei größeren Bäumen muss man sich darauf einstellen, dafür bezahlen zu müssen. Für Stadtmenschen ist es vorteilhaft, mit dem Grünflächenamt Kontakt aufzunehmen. Diese geben einem Tipps für entsprechende Stellen. Die Forstämter verkaufen Holz. Das ist im Frühjahr oft Durchforstungsholz, das als Brennholz vermarktet wird. Nimm mit kleinen lokalen Sägewerken Kontakt auf und frage nach Material, das du verwenden kannst. Brennholzhändler können dir auf Nachfrage auch frisches, ungespaltenes Holz verkaufen. Du kannst auch Bekannte, die ein Haus haben, fragen, ob du Holz bekommen kannst, wenn sie ihre Obstbäume schneiden oder fällen.

Die grobe Bearbeitung

Bearbeite das Werkstück in frischem Zustand. Entferne die Borke komplett. Schlage mit der Axt und schnitze mit dem Ziehmesser, Hobel oder Messer, bis du die grobe Form erhältst, die du erreichen möchtest. Lasse genügend Material für die Feinbearbeitung stehen. Das Holz verändert seine Form, biegt sich und schrumpft beim Trocknen. Es macht deutlich mehr Arbeit, getrocknetes Holz zu bearbeiten.

Eine allgemeine Regel besagt, dass die Markröhre sofort entfernt werden soll. Um die Markröhre herum entstehen während des Trocknens große Volumenveränderungen. Als Folge entstehen Risse. Auch nachdem das Holz getrocknet ist, verändert sich das Volumen noch. Das Holz verändert sich mit den Jahreszeiten und quillt, wenn die Luftfeuchtigkeit hoch ist und schrumpft bei Trockenheit. Bei der Herstellung eines Hockers oder Stuhlbeines spielt die Volumenveränderung eine große Rolle für die zukünftige Haltbarkeit der Verbindungen. Hier ist es nicht gut, die Markröhre im Holz zu belassen. Ähnlich verhält es sich bei einer Kelle, die sehr häufig Feuchtigkeit ausgesetzt ist. Hier muss die Markröhre unmittelbar entfernt werden, damit die Kelle nicht bei der zukünftigen Benutzung reißt.

Das Hirnholz sollte immer mit Holzleim versiegelt werden, um Trocknungsrisse zu vermeiden.

Die Feinbearbeitung

Ist das Werkstück trocken, werden alle Oberflächen mit einer frisch abgezogenen Klinge versäubert und glatt geschnitzt. Die Form und das Linienspiel werden verfeinert und jeder Bleistiftstrich fort geschnitzt. Die Verzierungen werden vor dem Einölen mit Leinöl und der Bemalung geschnitzt, wenn man nicht Sgraffito-Effekte erhalten möchte (Siehe Seite 87).

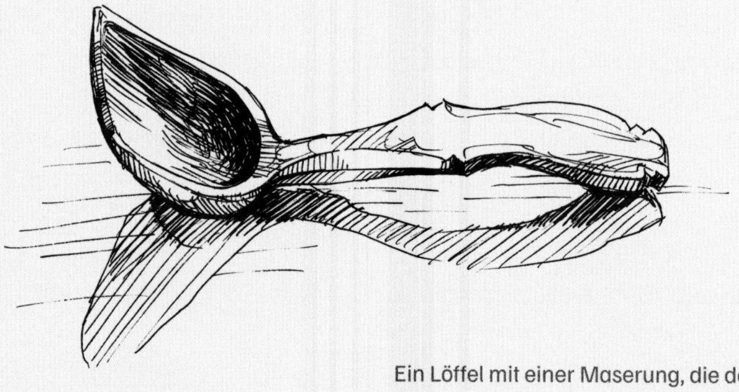

Ein Löffel mit einer Maserung, die der Laffe folgt, hält die tägliche Benutzung über einen langen Zeitraum aus.

Das Trocknen

Reißt es auch nicht?

Ein Kunsthandwerker, der mit grünem Holz arbeitet, richtet seine Aufmerksamkeit auf die Veränderungen des Holzes und liest aus dem Material, während er es bearbeitet. Das Schwinden, die Ausdehnung und Risse sind ein Teil des Prozesses.

Manchmal wird die Schrumpfung des Holzes ausgenutzt. Sowohl bei einem Sprossenstuhl als auch bei der Herstellung eines Hockers lässt man die Zapfen bis auf 4 Prozent Restfeuchte trocknen, während die Restfeuchte der Sitzfläche bei 15 bis 20 Prozent liegt. Wenn die Hockersitzfläche trocknet, zieht sich das Zapfloch um die trockenen Zapfen herum zusammen und die Verbindung wird dadurch enorm haltbar. Ein weiterer Vorteil ist, dass sich Holz im frischen Zustand leichter bearbeiten lässt. Das ist sehr günstig. Je mehr Material du entfernst, und je gleichmäßiger die Stärke des Materials ist, desto weniger Spannungen treten während des Trocknens im Holz auf. Ein gleichmäßig dünner Löffel aus Birke kann über Nacht an der Luft trocknen, ohne dass es ein Risiko für Risse gibt.

Das musst du lernen

Holz ist hygroskopisch. Das bedeutet, dass es durch die Feuchtigkeit der Umgebung beeinflusst wird. Es schwillt im Herbst und Winter an und schrumpft im Sommer, wenn die Luft trocken ist. Man kann den Feuchtigkeitsgehalt des Holzes selbst messen, indem man ein rohes Holzstück wiegt. Lasse es unter Wärmeeinfluss trocknen, bis es aufhört Gewicht zu verlieren. Rechne die Differenz aus und teile diese durch das trockene Gewicht. Das Ergebnis wird mit 100 multipliziert. So erhältst du die Feuchtigkeit in Prozent.

Es gibt teure elektrische Feuchtigkeitsmesser, deren Einsatz bequem ist und Zeit spart. Messe in der Mitte des Materials im Längsverlauf der Fasern. So kommt du der Wirklichkeit am nächsten.

Frisches Holz enthält 50 bis 170 Prozent Wasser im Verhältnis zu seinem Gewicht. Das Wasser, das sich in den Zellwänden befindet, nennt man gebundenes Wasser, während das, was in den Zellen selbst ist, freies Wasser heißt. Wenn das freie Wasser verdunstet ist und die Zellen verlassen hat, ist der Fasersättigungspunkt erreicht, und ab jetzt beginnt die Veränderung des Holzvolumens. Der Fasersättigungspunkt liegt bei einem Feuchtigkeitsgehalt von rund 25 Prozent.

Am abgesägten Hirnholz verdunstet das Wasser am schnellsten. Wenn die Außenschicht trocknet und schrumpft, ist das Holz innen immer noch feucht. Deshalb können die äußeren Schichten nicht schwinden ohne zu reißen. Graduell, im Takt mit dem Trocknungsprozess, wird es schwieriger und schwieriger, das Holz zu bearbeiten.

$$\frac{\text{Rohgewicht} - \text{Trockengewicht}}{\text{Trockengewicht}} \times 100 = \text{Feuchtigkeit in Prozent}$$

Volumenschrumpfung

Der totale Volumenverlust variiert zwischen 9 und 17 Prozent. Dies ist abhängig von der Holzart.

Wenig: 9–10 % Wacholder, Weide
Mittel: 11–13 % Fichte, Kiefer, Lärche, Eiche, Ulme, Esche, Ahorn, Traubenkirsche, Salweide, Espenholz
Groß: 14–17 % Linde, Erle, Hasel, Birne, Wildapfel, Kirsche
Sehr groß: über 17 % Birke, Buche, Eberesche
Holz verändert sich in verschiedene Richtungen unterschiedlich. Am meisten zieht es sich im tangentialen Schnitt zusammen.

Der Schrumpfungsprozess bei unterschiedlichen Schnitten

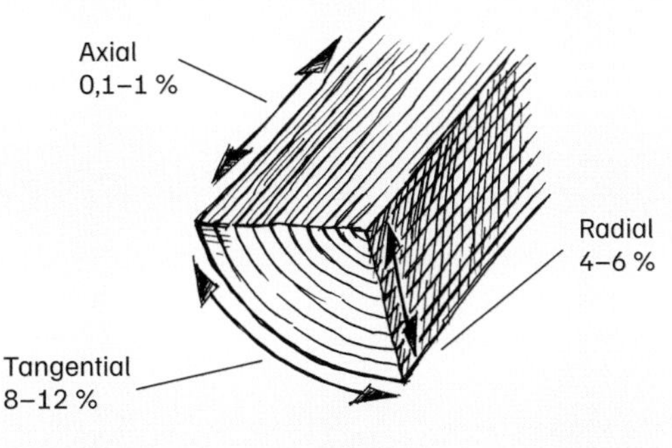

Merke dir die Zahlen 1, 5 und 10

Etwa 1 % axial in der Länge.
Etwa 5 % radial vom Kern nach außen.
Etwa 10 % tangential entlang der Jahresringe

Die Formveränderung von Holz beeinflusst sowohl die Holzverbindungen als auch die Anwendung. Denke daran, dass immer eine jahreszeitliche Ausdehnung und eine Schrumpfung stattfindet. Ein Brett mit radialem Querschnitt verändert weniger seine Form als ein tangential geschnittenes, weil die Jahresringe sich tangential zusammenziehen. Für Bodenbretter und Wandpaneele im Außenbereich ist es besonders wichtig, dass die Kernseite nach außen weist. Bei Kiefer ist der Kern sowohl widerstandsfähiger als auch weniger anfällig für Pilzbefall.

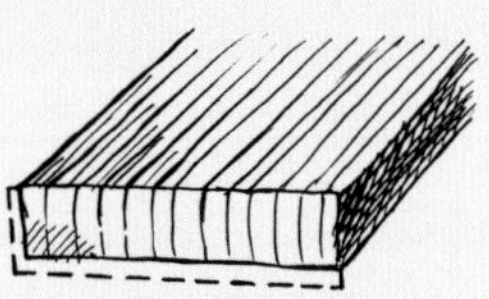

Radialer Schnitt, Brett mit stehenden Jahresringen

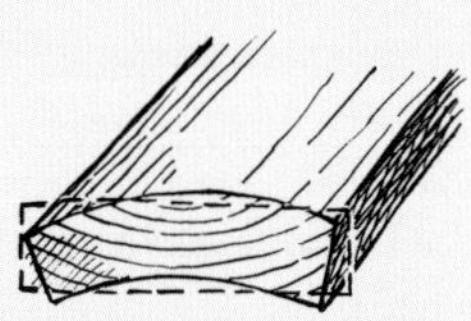

Tangentialer Schnitt, Brett mit liegenden Jahresringen

Der Trocknungsprozess

Die Trocknung ist ein langsamer Vorgang und sollte in schrittweise aufgewärmten Räumen geschehen. Rechne mit einem Jahr pro Zoll (25 mm). Beeinflusst wird die Trocknungsgeschwindigkeit durch:

- Wärme
- Wind
- Luftfeuchtigkeit in der Umgebung, so genannte relative Luftfeuchtigkeit

Frisches Holz, 50 – 170 Prozent Wasser

Die Zellen sind mit Wasser gefüllt. Eine Grundregel ist, Holz sofort nach dem Fällen zu entrinden, damit es nicht vermodert oder von Pilzen befallen wird. Aber man kann die Rinde auch darauf belassen, um das Holz frisch zu halten. Doch sei bei Birke vorsichtig, denn in Monaten, in denen der Pilzbefall sich häuft, kann sie schnell verrotten.

Das Holz enthält in der Zeit von Oktober bis Februar am wenigsten Wasser und Nährstoffe, was die Qualität erhöht, wenn es im Winter gefällt wird. Die Risiken für Pilzbefall und große Formveränderungen sind geringer.

Versiegle das Hirnholz immer, um Risse zu vermeiden. Leime Papier auf oder streiche das Hirnholz mit Ölfarbe.

Der Fasersättigungspunkt, etwa 25 Prozent Die Zellen sind leer, und die Zellwände beginnen zu trocknen. Ein kritischer Punkt, da das trockene, außen liegende Holz jetzt nicht ohne Risse schwinden kann.

Im Freien getrocknetes Holz, etwa 18 Prozent Die beste Zeit für das Trocknen ist. wenn es draußen trocken und windig ist.

Unterdach, ungeheizte Räume: Getrocknetes Holz, etwa 12 Prozent Unterdach ist es genau so wichtig, das Holz mit Querleisten zu stapeln. Es ist vorteilhaft, die Räumlichkeiten mit zwei Lüftungsöffnungen zu versehen, so dass der Luftzug das Trocknen unterstützen kann. Die Zeit hängt von der Stärke des Holzes ab, es dauert etwa 1 bis 6 Jahre.

Unterdach, geheizte Räume: Getrocknetes Holz, etwa 6 Prozent Bei normaler Raumtemperatur sind die Zellwände abhängig von der Stärke nach etwa einem halben Jahr trocken. Wenn es für eine feste, stramm sitzende Holzverbindung, wie zum Beispiel bei einem Stuhl notwendig ist, kann man das Holz im Ofen innerhalb eines Tages von 12 Prozent auf 4 Prozent trocknen (+70 Grad Wärme).

Beispiel

Ein entrindeter Birkenstamm von 4 cm im Durchmesser wird am Hirnholz mit Leim versiegelt. Er trocknet innerhalb von 3 Wochen bei Raumtemperatur ohne Risse, wenn die relative Luftfeuchtigkeit hoch ist.

Holzstapel mit Querleisten

Beim Holzstapel mit Stapelleisten liegen vierkantige Leisten im 90-Grad-Winkel zwischen den Brettern. So können sie gut trocknen. Achte darauf, dass die Luft zwischen den Holzbohlen zirkulieren kann. Auch zwischen den einzelnen Brettern muss ausreichend Zwischenraum sein. Im Freien muss das Holz etwa 50 cm über dem Boden gelagert werden. Decke den Stapel sorgfältig mit Blech ab und lasse auch hier einen Abstand, so dass ein Luftspalt bleibt. Ansonsten schimmelt das äußere Holz leicht. Benutze Fichtenleisten bei Kiefer.

Das vermindert den Schimmelbefall. Die Leisten kommen im Abstand von circa 1 Meter zwischen die Bretter.

Trocknungsmethoden für kleine Gegenstände

Einwickeln in Stoff: Am einfachsten und am zuverlässigsten. Die Feuchtigkeit wird durch das Tuch hindurch abtransportiert und verschwindet nach und nach aus dem grob bearbeiteten Werkstück, ohne dass die äußere Schicht reißt.
Gekochte Kartoffeln: Enthalten Zellulose, welche die offenen Zellwände am Hirnholz verschließt und gleichzeitig langsam Feuchtigkeit hindurch lässt. Gut für grob bearbeitete Löffel von mäßiger oder dünner Holzstärke.
Trockene Hobelspäne: Hobelspäne in einem Holzkasten eignen sich gut, zum Beispiel für gedrechselte Schalen. Die Feuchtigkeit wird über die Späne abgeführt und verschwindet nach und nach aus der Schale, ohne dass das äußere Holz reißt. Eine gute Alternative sind Sägespäne.
Plastiktüten: Bewirken, dass das Wasser an den Innenseiten kondensiert. Wende die Tüte jeden Tag von innen nach außen, um das Wasser zu entfernen und um Schimmelbefall zu verhindern.
Gefriertrocknen: Um dein Werkstück frisch zu halten, ist das Einfrieren eine gute Methode. Aber nach einem halben Jahr ist das Holz gefriergetrocknet.

Wenn du einige Zeit mit Holz gearbeitet hast, wird du deine eigenen Trocknungsmethoden entwickeln. Nutze die Verhältnisse aus, die du in deiner Werkstatt oder deinem Wohnbereich hast.

Holzbohlenstapel mit Stapelleisten

Werkzeuge und Gerätschaften

In diesem Kapitel wird Werkzeug vorgestellt, welches für die handwerkliche Herstellung von Alltagsgegenständen brauchbar ist. Die meisten von ihnen findest du auf den Bildern am Anfang und am Ende des Buches.

Aber die Fertigung mit Messer, Beil, Hauklotz, eventuell Ziehmesser und Hobelpferd, ist flexibel und benötigt kaum Spezialwerkzeug. Die Gerätschaften und Werkzeuge sind leicht zu transportieren und haben ein breites Anwendungsspektrum. Sie stellen jedoch hohe Anforderungen an die Ergonomie und die Handfertigkeit. Übe deine Fingerfertigkeit zunächst mit den Grundwerkzeugen. Üblicherweise kauft man Werkzeug, um fehlende Technik zu kompensieren. Heute gibt es Spezialwerkzeuge, um in einem kommerziellen Handwerksbetrieb die Produktionsgeschwindigkeit und die Präzision zu erhöhen. Je nachdem, was du herstellst: Wenn sich langsam herauskristallisiert, was dir Spaß macht, kannst du dein Werkzeug komplettieren.

Die Hobelbank benötigt man, wenn man lange, gleichmäßig dicke Bretter hobeln möchte. Für handwerklich hergestellte Möbel wie Schränke, Regale, Betten und Tische ist die Hobelbank unentbehrlich, da man hobeln und Holzverbindungen herstellen muss. Für kleinere Arbeiten ist sie nicht notwendig, wenn man einen Hobelpferd und einen Hauklotz hat.

Um deinen handwerklichen Beschäftigungen nachzugehen, benötigst du eine gewisse Grundausstattung an Werkzeug in guter Qualität. Für kleinere Gegenstände, wie zum Beispiel Buttermesser, kannst du mit Säge, Axt und Messer auskommen. Altes Werkzeug hat oft die beste Stahlqualität mit einem hohen Anteil an Kohlenstoff (0,5 bis 1,3 Prozent), was den Stahl sowohl hart als auch elastisch macht. Ist der Stahl zu hart, wird er spröde, und ist er zu weich, verbiegt er sich bei Belastung.

Bewahre dein Werkzeug trocken und mit einem Schutz für die Schneide auf. Alte Gummischläuche oder selbst gemachte Holzköcher können einem viele Stunden unnötigen Schleifens ersparen. Für Schnitzeisen gibt es Werkzeugwickel aus Stoff oder Leder zu kaufen. Alle Werkzeuge und Gerätschaften, die hier beschrieben werden, werden für die Projekte im Buch auch benutzt. Außerdem gibt es einige spezielle Werkzeuge, die bestimmte Aufgaben erleichtern. Sie werden in den verschiedenen Kapiteln vorgestellt.

Hauklotz Nimm dafür Kiefer, Fichte, Ulme oder Birke. Höhe: 50 bis 70 cm. Durchmesser mindestens 35 cm. Äste halten das Holz gut zusammen und machen den Hauklotz stabiler. Er darf gerne einen Trocknungsriss haben, was beim Behauen von Holz mit dem Beil hilfreich ist. Das Werkstück wird hinein gesteckt, und der Hauklotz fungiert als Anschlag. Für die Herstellung von trogförmigen Gegenständen und als Halt beim Spalten von krumm gewachsenen Holzrohlingen ist es günstig, einen Trogklotz anzufertigen. Dieser hat eine Art Rückenlehne und davor mehrere v-förmige Scharten. Das Werkstück kann so zwischen Rückenlehne und Scharte eingeklemmt werden. Eine Todsünde ist es, den Fuß beim Schwätzchen auf den Hauklotz zu stellen. Der Schmutz aus den Schuhen ruiniert die Schneiden der Klingen. Am besten legst du einen Schutz aus Holz über den Hauklotz, wenn er nicht benutzt wird.

Hobelpferd Die Hobelbank des einfachen Mannes. Das Hobelpferd ist ein geniales Gerät. Wenn du an deinem Werkstück schnitzt und das Ziehmesser zu dir hin ziehst, muss das Werkstück fest sitzen. Wenn der Widerstand größer wird, drücken die Beine das Pedal herunter, und dadurch wird der Kopf des Hobelpferds auf das Werkstück gedrückt. Schnitzen ist gewissermaßen, wie an Land zu rudern. Der Vorteil gegenüber der Hobelbank ist, dass sich die Position des Werkstückes sehr schnell verändern lässt, indem man das Pedal löst. Du kannst auch einen Hobel benutzen. Man kann gelegentlich auch Werkstücke sehr gut beim Bohren und Sägen zwischen Kopf und Brücke durch das Drücken des Fußpedals einklemmen. Wenn man Niederhalter benutzt, bietet die Arbeitsbank eine gute Befestigungsmöglichkeit, zum Beispiel beim Bohren. Der Bock kann mit abnehmbaren Beinen hergestellt werden. Diese haben dann konische Zapfen. Dann kann man ihn mitnehmen, wenn man an anderer Stelle arbeiten möchte. Man kann auch zwei Holznägel in die Sitzfläche einschlagen, um das Ziehmesser daran aufzuhängen.

Traditionell gibt es genau so viele Modelle, wie es Benutzer gibt. Zwei Typen haben sich aber herausgebildet, ein kontinentaler und ein englischer. Der kontinentale Typ hat einen Arm und einen Kopf, wo das Werkstück an den Seiten eingesteckt werden kann. Der englische Typ hat zwei Arme mit einer beweglichen Stange dazwischen, was bewirkt, dass lange und breite Arbeitsstücke eingesteckt und an der Brücke festgeklemmt werden können. Nach Bedarf konnte man sie modifizieren. Der Sprossenstuhlmacher schnitt v-förmige Scharten in den Kopf des Hobelpferds, um die Sprossen besser einklemmen zu können, damit sie nicht zur Seite wegrutschten. Es gibt auch noch eine Variante aus Ungarn mit einer zusätzlichen Stütze, die aus der Sitzoberfläche herausragt. Damit kann das Werkstück gegen einen Stift gepresst werden, was es ermöglicht, es in seiner gesamten Länge zu bearbeiten.

Du kannst dir einen eigenes Hobelpferd mit Hilfe des Textes und der Zeichnung auf den Seiten 47–49 bauen. Du kannst dir aber auch ein Hobelpferd kaufen (siehe Bezugsquellen, Seite 99).

Niederhalter Ein l-förmiges Eisen, welches ein Werkstück effektiv auf der Sitzoberfläche des Hobelpferds oder ähnlichem befestigt. Das Loch, in dem der Niederhalter sitzt, kann nach Bedarf gebohrt werden und ist einen Hauch größer als der runde Schaft des Eisens. Der Niederhalter wird durch einen Schlag mit einem Fäustel auf die Oberseite des Kopfes befestigt. Wenn der Niederhalter gelöst werden soll, schlägt man auf seine Seite im 90-Grad-Winkel zum Loch. Meistens benötigt man zwei Stück. Niederhalter werden oft aus Gusseisen hergestellt.

Zum Schlagen

Klüpfel Wird aus hartem und zähem Holz wie Eberesche, Ahorn, Eiche, Maserbirke oder Mehlbeere hergestellt. Man braucht 2 bis 3 Stück, die unterschiedlich lang und schwer sind. Der Kopf des Klüpfels wird stabiler, wenn er Äste hat, oder aus einer Maserknolle hergestellt wird. Langsam trocknen lassen! Du kannst auch einen Baumkropf mit einem Stiel versehen. Für das Spaltmesser benötigst du einen Klüpfel mit einer Gesamtlänge von 50 cm und für kleinere Arbeiten einen von 30 cm Länge. Es gibt auch kleinere Holzklüpfel zu kaufen.

Hammer Um mit Präzision und Kraft schlagen zu können, benötigt man verschiedene Größen. Der Nagelzieher am Ende ist unentbehrlich.

Fäustel/Vorschlaghammer Beschaffe am besten zwei Hämmer unterschiedlicher Größe und Gewicht: Einen großen Vorschlaghammer mit längerem Stiel und mit einem 4 Kilogramm schweren Kopf. Er wird zum Holzspalten mit Keilen benutzt. Ein Fäustel mit einem Gewicht von etwa 1 Kilogramm eignet sich gut, um Stuhlbeine einzuschlagen und Keile einzusetzen, die in Zapfen geschlagen werden.

Zum Spalten

Spalthammer Eine schwerere Variante des Spaltbeils. Damit soll Holz gespalten werden. Er hat einen Hammerkopf auf der Oberseite. Der Anschliff ist konvex, um Holz leicht spalten zu können. Beim Herausspalten von Werkstücken funktioniert er entweder wie ein Keil mit Schaft oder ein Vorschlaghammer, je nachdem wie man ihn benutzen möchte.

Spaltmesser Will man gerade gewachsenes Material schnell auf die richtigen Abmessungen bringen, eignet sich das Spaltmesser hervorragend. Es wird aus ungehärtetem Eisen hergestellt, damit es nicht brüchig ist und reißt. Deshalb muss man mit einem Klüpfel darauf schlagen. Wenn das Messer in das Holz geschlagen wurde, bewegt man den Stiel abhängig von der Richtung, in die der Spalt gehen soll, hin und her. Das Spaltmesser ist auch sehr gut geeignet, um dem Holz eine Sollbruchstelle zu geben, bevor kraftvollere Keile benutzt werden. Der Stiel sollte aus gespaltenem Holz sein, damit er ausreichend stabil ist. Er muss mit kräftigen Scheiben und entsprechenden Holzschrauben befestigt werden, um fest zu sitzen. Die Fase ist konvex und die Schneide nicht scharf.

Empfohlene Abmessungen des Eisens: Breite 250 mm. Höhe 38 mm. Stärke 10 mm. Das angeschweißte Rohr für den Griff sollte einen Durchmesser von 42 mm haben.

Keile Zum Spalten von Holz. Es gibt billige und gute Metallkeile, aber die Aluminiumkeile von Agdor vermindern das Risiko, dass Metallsplitter in deine Augen fliegen. Sie haben außerdem einen großen Winkel, der ein hohes Spaltvermögen bietet. Man kann sich auch eigene Holzkeile aus gespaltenem hartem und trockenem Holz wie Ahorn, Eiche, Esche oder Mehlbeere herstellen. Eisenkeile dürfen nie mit Eisenhämmern eingetrieben werden.

Zum Schneiden

Messer Ein gutes Schnitzmesser hat eine laminierte Klinge, die leicht zu schleifen und beim Schnitzen angenehm flexibel ist. Die Klinge soll zwischen 48 und 92 mm lang sein und 18 mm Breite haben. Die Stärke sollte 2,7 mm nicht übersteigen. Der Schliff sollte auf beiden Seiten eine schwach konkave Fase ohne zusätzliche Mikrofase haben. Der Winkel der Schneide kann zwischen 22 und 25 Grad, abhängig von der Härte und Elastizität des Stahls, variieren. Der Griff muss spulenförmig sein, um für die vielen verschiedenen Schnitzgriffe geeignet zu sein. Mindestens 100 mm Länge sind erforderlich. Moraknivs laminierte Schnitzmesser Nr. 105, 106, 120 und 122 mit Klingen von 60 bis 82 mm Länge sind sehr preiswert.

Hakenmesser Ein unentbehrliches Werkzeug zum Aushöhlen von Kellen und kleineren Schalen. Die Fase sollte konvex sein und die Klinge nicht breiter als 10 mm. Der Zeigefinger der Schnitzhand wird auf den Messerrücken gelegt. Das Hakenmesser wird im Radius der Aushöhlung mit einer drehenden Bewegung quer über die Fasern gegen den Daumen gedrückt. Es gibt diese Messer mit Schneiden auf der linken oder auf der rechten Seite. Beide braucht man beim Aushöhlen des Löffels. Das Hakenmesser hat nur eine Fase, die Innenfläche der Schneide ist gerade. Es gibt auch brauchbare mit Doppelschneide. Einige Schmiede stellen auch Hakenmesser mit langem Griff und einer stark gekröpften Schneide her. Sie eignen sich hervorragend zum Aushöhlen von Bechern in Schrumpftechnik. H. Karlssons Klensmide und S. Djärv stellen gute Hakenmesser her.

Beil Das Beil eignet sich sehr gut zur groben und feinen Bearbeitung von Holz. Damit die Schneide die Schärfe hält, muss sie einen Winkel von etwa 30–35 Grad haben. Ein Beil kann für verschiedene Zwecke geschliffen werden:

Messerschliff: Zwei gleich breite konkave oder gerade Fasen auf jeder Seite der Schneide.

Slöjdschliff: Eine breite konkave Fase auf der Seite, die am Holz anliegt. Es ist einfacher, gerade und glatte Oberflächen zu erzielen, wenn die Fase 15 bis 20 mm breit ist. Eine schmalere Fase auf der gegenüber liegenden Seite bricht beim Schlagen den Span vom Holzstück.

Spaltschliff: Zwei gleich breite konvexe Fasen auf jeder Seite der Schneide.

Der Stiel sollte aus Wundholz der Birke, aus Esche, Eberesche oder aus anderem harten Laubholz sein. Solche aus hartem und elastischem Hickoryholz sind im Handel am häufigsten zu erhalten. Mache dir einen Stiel passend für deine eigene Hand. Ein zu dicker Stiel verursacht leicht Krämpfe. Gränsfors großes Bildhauerbeil ist ein Favorit. Ein kleines Wildmarksbeil kann man auch benutzen.

Ziehmesser Das Ziehmesser wird üblicherweise von Böttchern benutzt, um die Dauben für Zuber zuzurichten. Es gibt eine Anzahl an Varianten an Handgriffen und Messerstählen für verschiedene Einsatzmöglichkeiten. Vor allem die Handgriffe sehen unterschiedlich aus. Ziehmesser werden normalerweise verwendet, um Werkzeugstiele herzustellen. Ich benutze ein konkaves französisches Ziehmesser der Marke Arno, das kugelförmige Griffe hat. So kann man den Ansatzwinkel der Schneide leicht schräg stellen. Es hat an der konvexen Seite eine breite Fase, wodurch man glatte Oberflächen herstellen kann. Die gegenüberliegende Seite hat eine schmalere Fase. Damit kann man konkav gerundete Oberflächen bearbeiten. Das Ziehmesser wird auf einem großen Schleifstein nachgeschliffen. Stubai macht ein gutes gerades Modell, das zum Anfasen und Feinschnitzen sehr brauchbar ist.

Schweifhobel Das Hobeleisen sitzt in einen schmalen Korpus aus Metall eingespannt. Das Eisen ist bei einigen Schweifhobeln durch zwei kleine Schrauben einstellbar. So kann es leicht zwischen grob und fein justiert werden. Arbeite mit entschiedenen festen Zügen. Es gibt auch eine Variante mit runder Sohle für konkave Oberflächen.

Mit hölzernen Schweifhobeln lässt es sich schön arbeiten. Sie sind leider nur schwer erhältlich, wenn man nicht selber einen bauen will. Klingen für Schweifhobel kann man bei einigen Schmieden bestellen. Vermeide billige Schweifhobel von schlechter Qualität.

Bildhauereisen Man benötigt Hohleisen zum Aushöhlen und gerade Eisen für konvexe oder plane Oberflächen. Kaufe Qualitätswerkzeug, auch wenn der Preis höher ist, denn es bleibt deutlich länger scharf. Schnitzeisen werden durch Nummern, die Profil und Breite angeben, benannt. Verschiedene Hersteller verwenden dabei ähnliche, aber leicht unterschiedliche Systeme. Die erste angegebene Zahl bestimmt den Stich des Eisens, das ist das Profil der Klinge. Nr. 1 steht bei Pfeil für ein flaches Eisen (wie ein Stemmeisen geformt) und Nr. 10 für ein halbkreisförmiges. Nr. 2 ist inzwischen ein flaches Eisen mit angeschrägter Schneide. Nr. 3 ist das flachste Hohleisen mit größtem Radius. Danach werden sie immer runder, je höher die Ziffer wird. Die zweite angegebene Zahl gibt die Breite in Millimetern an. Eine aus elf Eisen bestehende Grundausstattung könnte wie folgt aussehen:

Gerade: 3/16, 5/30,8/16, 8/30, 9/5, 9/10
Gebogene: 5/35, 8/30
Geißfuß 60 Grad: 6 mm, 14 mm
Geißfuß 90 Grad: 10 mm

Schrupphobel und Einhandhobel Ein Hobel besteht aus einem Hobelmesser und einem Stück Holz, durch welches ersteres in einem 45-Grad-Winkel geht. Das Messer wird durch einen Keil gehalten. Ein Schrupphobel hat eine gerundete Schneide, aber die Sohle, die Unterseite des Holzes, ist plan. Deshalb ist er besonders gut für das gröbere Schlichten von Material geeignet, zum Beispiel, wenn du eine behauene Oberfläche schnell glätten willst. Er „schruppt", indem er im 45- oder 90-Grad-Winkel gegen die Faserrichtung schneidet. Wird er längs mit der Faserrichtung geführt, erhält man eine gröbere Hobelbahn, die mehr an eine Oberfläche erinnert, die mit einem Hohleisen bearbeitet wurde. Ein Einhandhobel aus Eisen hat eine Klinge im 12-Grad-Winkel. Mit seiner justierbaren Öffnung ist er für deine holzhandwerklichen Arbeiten besonders nützlich. Das Modell heißt 60-1/2 und wird von Veritas und Lie Nielsen hergestellt. Ein einfacheres Modell Nr. 102 in Bronze gibt es bei Lie Nielsen.

Kerbschnittmesser Ein Messer zum Schneiden von Mustern, Buchstaben und Zahlen sollte eine Klinge von maximal 30 mm Länge haben. Es sollte aus Stahl von hoher Qualität sein. Es gibt verschiedene Typen. Welches du wählst, hängt davon ab, welche Schnitztechnik du anwenden willst. Ich bevorzuge eine gerade Schneide mit einer um 5 Grad nach hinten abgewinkelten Klinge. Der Rücken ist zur Spitze hin konvex gebogen, damit im Holz keine Druckstellen entstehen. Der Anschliff muss leicht konkav sein und darf absolut keine zusätzlichen Fasen haben. Die Schärfe ist unglaublich wichtig für ein gutes Resultat. Der Griff hat die gleiche Spulenform wie das Schnitzmesser. Man kann sich eine Klinge mit Erl aus einem Kaltsägeblatt selbst zurechtschleifen (siehe Begriffserklärungen, Seite 94). Es muss eine Stärke von mindestens 2 mm haben. Kühle das Blatt beim Schleifen, damit es nicht verbrennt und der Stahl zerstört wird.

Zum Sägen Eine Säge muss scharf sein. Sie muss richtig geschränkt sein, was bedeutet, dass die Sägezähne abwechselnd nach links und rechts gebogen sind. Die Säge schneidet auf diese Weise einen Spalt in das Holz, der breiter als das Blatt ist, wodurch sich die Säge nicht verklemmen kann.

Fuchsschwanz Alte Sägen sind nicht wie moderne an den Zahnspitzen gehärtet, und sie lassen sich feilen. Es gibt Sägen für Querschnitte, mit denen man das Holz im 90-Grad-Winkel zur Faserrichtung schneidet. Deren Zähne zeigen im 65-Grad-Winkel gerade nach unten und schneiden wie kleine Messer in einem Schnittwinkel von 50 Grad. Außerdem gibt es Längsschnittsägen mit schräger Zahnung, mit denen man das Holz längs in der Faserrichtung zerteilt. Die Zähne sind an der Vorderkante rechtwinklig und haben hinten einen Winkel von 60 Grad. Der Schnittwinkel ist 90 Grad, wodurch die Zähne das Holz weghobeln. Die meisten modernen Sägen haben eine Universalzahnung, die eine Kombination der obenstehenden ist. Bei ihnen liegt der Zahnungswinkel bei 15 und der Schnittwinkel bei 75 Grad. Japanische Sägen haben eine spezielle Zahnung, die schnell und effektiv schneidet. Silky ist eine gute Marke.

Bügelsäge Achte darauf, dass du immer ein frisches Blatt auf der Bügelsäge hast. Es sollte möglichst neu sein und oft gewechselt werden. Die heutigen Blätter sind an den Zahnspitzen gehärtet. Kaufe eine Qualitätssäge, das lohnt sich. Es ist vorteilhaft, eine große für größere Abmessungen und eine kleinere für Äste zur Hand zu haben.

Japansägen Davon gibt es eine Menge verschiedener Modelle. Der Unterschied gegenüber unseren westlichen Sägen ist, dass sie schneiden, wenn man sie zu sich hin zieht. Das Blatt ist dünner und die Zahnung ist anders. Mit ihnen arbeitest du schnell und mühelos. Wenn man angefangen hat, mit Japansägen zu arbeiten, rufen sie eine leichte Abhängigkeit hervor. Ich benutze eine doppelseitige Ryoba-Säge mit einer Spalt- und einer Kappseite. Eine Dozuki ist eine Rückensäge, mit der präzise im Längs- wie im Querholz gesägt werden kann.

Zum Messen

Stift Auf trockenem Holz ergibt ein Bleistift mit einer Mine von 0,7 mm eine gute und deutliche Markierung. Auf grünem Holz funktioniert Bleistift nicht. Hier kann man einen Stabilo All 8046 oder einen Aquarellable 8008, mit denen man auf den meisten Oberflächen schreiben kann, benutzen.

Winkel Ein Winkel erzielt saubere 90-Grad-Anrisse. Es gibt auch verstellbare Winkel, die man auf 45 Grad einklappen kann. Es ist vorteilhaft, Winkel in unterschiedlichen Größen zu besitzen. Damit lässt sich auch eine Bohrung rechtwinklig ausrichten.

Schmiege Sie ist unentbehrlich, um Winkel zu übertragen und den Bohrer im richtigen Winkel auszurichten. Sie hat verstellbare Schenkel, die festgestellt werden können. Die Schmiege hilft beim Fluchten. Am besten ist eine, die eine Flügelmutter hat und ausreichend breit ist, um aufrecht zu stehen, ohne umzukippen. Es kann nötig sein, zwei Größen davon zu besitzen.

Zollstock Der Zollstock (auch Gliedermaßstab oder Metermaß genannt) ist steifer als ein Maßband aus Stahl, was das Vermessen erleichtert. Er nimmt allerdings etwas mehr Platz in der Hosentasche ein. Es gibt immer noch welche, die eine Skala im Zollmaß besitzen. Manchmal ist es praktisch, das Zollmaß zu verwenden, zum Beispiel um Längen leichter in gleiche Abschnitte einteilen zu können.

Schieblehre (auch: Messschieber) Hiermit kann man verschiedene Dinge messen, zum Beispiel die Stärke, Innenmaße und Tiefe, und zwar sowohl in Zoll als auch in Millimetern und Zehntelmillimetern. Sehr nützlich für präzise Messungen zum Beispiel bei Zapfen und Zapflöchern.

Streichmaß Wird benutzt, um Linien parallel zu einer Kante anzuzeichnen oder anzureißen. Das Streichmaß ermöglicht eine gute Markierung für die Nut beim Becher in Schrumpftechnik. Es gibt eine japanische Variante in hoher Qualität. Die meisten Streichmaße haben Klingen, in einige kann man einen Bleistift einsetzen.

Stahlmaßband Ein ausziehbares Maßband aus Stahl, mit dem man auch Durchmesser und Innenmaße messen und, wenn man es auszieht, eine Markierung anreißen kann.

Zum Bohren

Zimmermannsbohrer Diese wurden im Blockhausbau benutzt, um die Löcher für die Dolle zu bohren, welche die Balken seitlich zusammenhalten. Wird auch Stangenbohrer genannt. Er wird auch zum Bohren von Löchern bei Bechern in Schrumpftechnik und für Zapfenlöcher in Hockern benutzt. Es gibt verschiedene Typen. Für Hirnholz eignet sich einer mit gerundeter Schneide am besten. Ein zweiter sollte ein oder zwei seitliche Schneiden haben, welche die Fasern abschneiden, bevor der Bohrer mit Hilfe der Spirale den Span nach oben befördert. Wenn du einen alten Zimmermannsbohrer bei einem Trödler findest, achte darauf, dass die Schraube intakt ist. Der Bohrer wird von der Innenseite der Schneide her mit einer kleinen Metallfeile geschärft.

Bohrleier Um die Bohrer zu befestigen, gibt es Futter mit zwei, drei oder vier Backen, die sich öffnen und schließen lassen, wenn man am Futter dreht. Die Anzahl der Backen hängt davon ab, wie die Seite des Bohrers, welche in das Futter gesteckt wird, aussieht. Alte Bohrer haben oft einen konischen vierkantigen Schaft und passen gut in Bohrfutter mit zwei Backen. Heute sind die meisten Bohrer für die Dreibackenfutter vorgesehen. Gute Bohrleiern gibt es auf Flohmärkten, aber wenn du eine neue kaufen willst, dann sollte es Markenqualität sein.

Schlangenbohrer Schlangenbohrer haben eine seitliche Schneide, welche die Fasern abschneidet, bevor die Schneide in die Tiefe geht und den Span nach oben transportiert. Alte Bohrer funktionieren ausgezeichnet, wenn die Schneiden und die Schraube intakt sind. Man kann sie auf der Innenseite der Schneiden feilen und abziehen. Ein Set von 8 mm bis hin zu 32 mm im 2-mm-Intervall wirst du bald benötigen. Beginne mit 12, 14, 16, 18, 26 und 32 mm.

Zum Schleifen und Abziehen

Schleifstein Ein guter Schleifstein arbeitet schnell und gleichmäßig und muss ebenmäßig rund sein. Deshalb darf er nach Gebrauch nicht im Wasser stehen bleiben, da er sich sonst vollsaugt und an dieser Stelle weich wird. Als Folge gibt es einen höheren Verschleiß. Deshalb ist es wichtig, dass der Wasserbehälter gefüllt und geleert werden kann, alternativ wird er zum Leeren umgekippt. Man muss zur Seite hin Platz haben, um beim

Schleifen von Äxten, Ziehmessern und Sensen ausreichend Spielraum zu haben. Tormek stellt einen guten Schleifstein her, der Supergrind heißt und seinen Namen verdient. Er ist zu klein für Äxte und Ziehmesser, da die Universalstütze im Weg ist. Er ist aber hervorragend für kleinere Schneidwerkzeuge geeignet. Für diejenigen, die es nicht gewohnt sind mit freier Hand zu schleifen, gibt es eine Menge Schleifvorrichtungen. Ein Teil ist zum Schleifen von Schnitzeisen und Stechbeiteln geeignet.

Schärf- und Abziehsteine Man benötigt mindestens zwei solcher Steine – einen groben und einen feinen. Der gröbere Vorgang ist das Schärfen, der feinere heißt Abziehen. Natursteine von früher oder Steine von Herstellern wie India, Arkansas oder Svenska Los können in der Qualität variieren, sind aber problemlos anzuwenden, wenn sie plan sind. Ein Abziehstein sollte plan sein und das Material schnell vom zu schärfenden Stahl abziehen. Metallreste und Schmutz dürfen nicht auf dem Abziehstein verbleiben, weil sie sonst auf der Oberfläche haften bleiben.

Moderne Kunststeine mit keramischen Schleifpartikeln gelten als leistungsstark wegen der Gleichmäßigkeit der Partikelgröße. Verwende zur Reinigung Wasser.

Japanische Wasserabziehsteine sind als gut anerkannt. Sie verschleißen schneller als Naturstein, arbeiten aber schneller. Beginne mit einem Stein der Körnung 1000. Es gibt verschiedene Körnungen: 800, 1000, 4000 und 8000. Die feinste wird zur Politur der Schneide benutzt. Japanische Abziehsteine müssen vor dem Gebrauch für einige Minuten in Wasser gelegt werden. Sie verschleißen schnell und bleiben nicht plan. Deshalb ist der Diamantstein vorzuziehen. Diamantabziehsteine verschleißen minimal, bearbeiten das Material schneller und bleiben immer plan. Es gibt sie in unterschiedlichen Größen und Körnungen von Extra Coarse bis Extra Fine. DMT und Dia-Sharp sind bekannte Qualitätshersteller, die monokristalline Steine produzieren, die länger als polykristalline halten. Drei Favoriten: Extra Fine, Fine und Coarse in der Größe 1" x 4" (25 x 100 mm).

Polierpaste und Abziehleder Um den letzten Grat zu entfernen und die Fase zu polieren gibt es einen einfachen Kniff. Gebe die Polierpaste direkt auf ein glattgeschnitztes oder gehobeltes Holzstück. Wenn das Messer über die Oberfläche von der Schneide weg gezogen wird, werden die Reste des Grates effektiv entfernt. „DIALUX blanc" heißt die Polierpaste, die ich benutze. Das Abziehleder ist ein flaches Holzstück mit aufgeleimtem dünnem Leder, was für ein besseres Endergebnis sorgt. Autosol ist eine wohlbekannte Marke für Chromteile an Autos, die sich hervorragend als Polierpaste aus der Tube eignet.

Oberflächenbehandlung

Leinöl: Siehe „Bemalung und Oberflächenbehandlung", Seite 55.

Leinölfarbe aus der Tube: Siehe „Bemalung und Oberflächenbehandlung", Seite 55.

Pinsel: Es gibt auf dem Markt ein großes Angebot an Qualitätspinseln zum Marmorieren, Ädern und zum Malen mit Schablonen. Um Farbe dünn zu verteilen, benutze ich Pinsel von 6–25 mm Breite mit synthetischen Borsten von guter Qualität. Reinige drei Mal mit Seife und warmem Wasser.

Manchmal benötigt man Spezialwerkzeug, welches in den verschiedenen Kapiteln näher beschrieben wird.

Hobelpferd

Ein Hobelpferd kann aus roh gesägten oder aus gespaltenen Brettern grob hergestellt werden. Hartes oder mittelhartes Material ist gut geeignet. Für alle Teile benutze ich dicht gewachsene Kiefer, außer für den Kopf und die Beine, die aus zähem und hartem Material sein müssen. Hierfür eignen sich zum Beispiel Eberesche, Birke, Ahorn, Esche, Eiche oder Ulme. 40 mm sind eine geeignete Stärke für die Sitzbank (auch Sattel genannt), Arme und Brücke. Aber die Sitzbank darf gerne auch etwas stärker sein, wenn das Hobelpferd nicht transportiert werden muss. Gewicht gibt Stabilität. Die Zeichnung auf der nächsten Seite ist maßstabsgerecht, aber die Maße können auch an die eigenen Bedürfnisse angepasst werden. Krumm gewachsenes Holz ist für Arme, Kopf und Pedal vorzuziehen, weil so zusätzliche Stabilität erreicht wird. Für Kinder muss das Pedal höher sitzen und die Brücke einen flacheren Winkel haben.

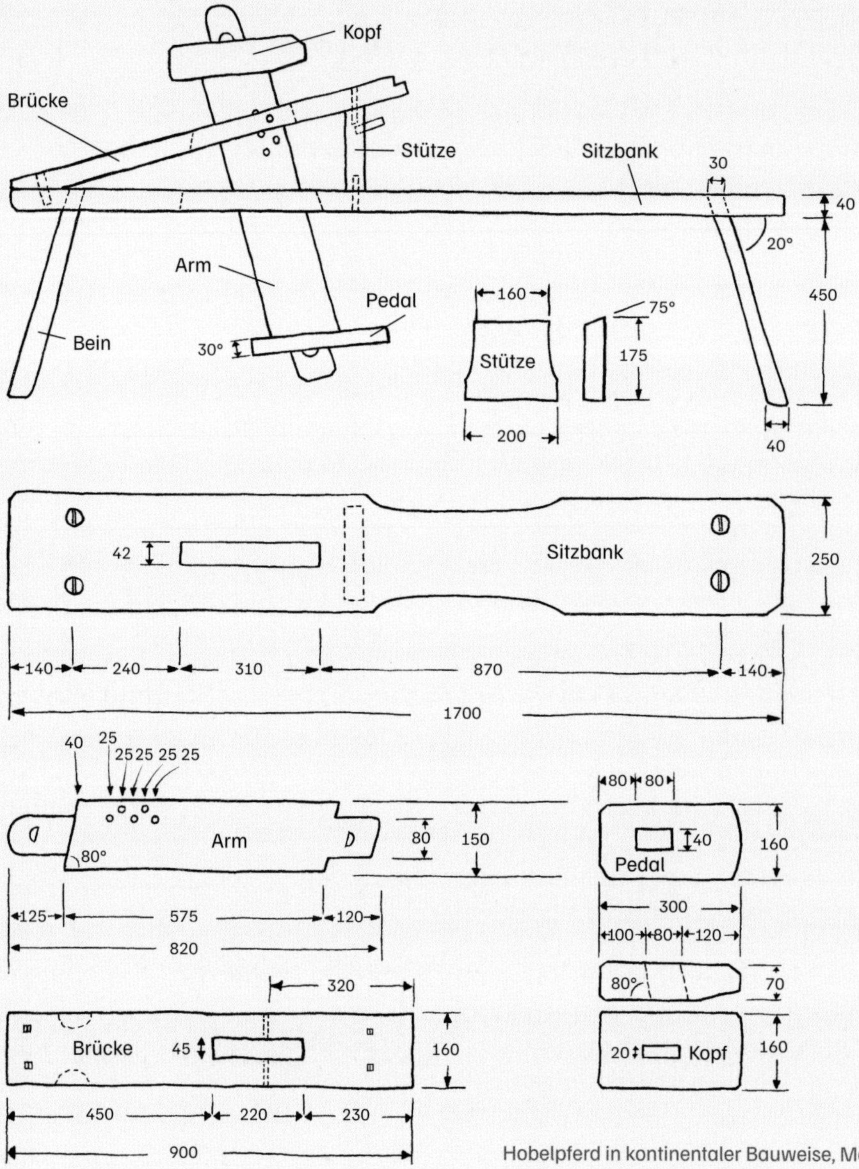

Hobelpferd in kontinentaler Bauweise, Maße in mm.
Zeichnung nach Drew Langsner, Country Workshops, USA.

Die Sitzbank

Beginne mit der Sitzbank. Bohre die Zapfenlöcher für die Beine. Sie sollten in der Längsrichtung einen Winkel von 20 Grad und zur Seite einen Winkel von 15 Grad haben. Bohre Löcher für das Langloch, in dem später der Arm sitzen soll. Stemme das überflüssige Material aus, so dass das Langloch rechtwinklig wird. Denke daran, dass die Schmalseiten des Loches einen Winkel bekommen müssen, damit der Arm pendeln kann. Die Sitzbankoberfläche wird mit einem Schrupphobel, Rauhbankhobel oder einem flachen Schnitzeisen geglättet. Die Kanten werden großzügig angefast.

Brücke und Stütze

Stelle die Brücke und die Stütze her. Bohre von unten ein Loch für die Befestigung der Stütze. Passe die an der Sitzbank anliegende Fläche genau an, indem du die Passgenauigkeit an Ort und Stelle prüfst. Verspanne die Teile fest miteinander und bohre ein 12-Millimeter-Loch. Stemme den obersten Teil des Loches quadratisch aus und stelle Zapfen her, die in das Loch eingetrieben werden. Dann leimen und verkeilen. Du kannst auch Schrauben verwenden, aber mit vierkantigen Zapfen sieht es gediegener und besser aus. Der Falz an der Vorderkante der Brücke dient als Stütze, falls du von dir weg anstatt wie gewöhnlich zu dir hin schnitzt. Du kannst den Falz aber auch erst einmal weglassen, wenn du unsicher bist, ob du ihn überhaupt benötigst. Wenn du abnehmbare Beine machst, was sehr praktisch ist, wenn du das Hobelpferd öfter transportieren willst, dann säge aus der Brücke die halbkreisförmigen Aussparungen entlang der gestrichelten Linie auf der Zeichnung aus. Dann kannst du die Beine von oben losschlagen.

Beine

Nimm Birke, Eberesche, Esche, Ulme oder Eiche mit geradem Faserverlauf. Denke daran, dass die Beine unterhalb des Zapfloches einen größeren Durchmesser haben müssen, um eine stützende Schulter anfertigen zu können. Wenn die Beine abnehmbar sein sollen, müssen sie gekennzeichnet werden, damit jedes immer wieder an die richtige Stelle kommt. Schaue dir zum Bohren das Kapitel über Hocker (Seite 78) an.

Der Arm

Am oberen Ende machst du einen Zapfen, der 20 mm dick und 80 mm breit ist. Der Zapfen für das Pedal dagegen ist genauso dick wie der Arm selbst. Beide Zapfen werden mit Hilfe einer Schmiege angerissen, bevor sie ausgesägt werden. Putze die Zapfen mit einem breiten Stemmeisen. Die Löcher für die Keile werden mit einem 20-Millimeter-Bohrer vorgebohrt und halbkreisförmig mit einer Laubsäge ausgesägt. Die Löcher für den Bolzen bekommen 10 mm Durchmesser und werden mit einem Abstand von 40 mm zur Schmalseite in einem Abstand von 25 mm gebohrt.

Pedal und Kopf

Bohre das Zapfenloch im Kopf mit einem 20-Millimeter-Bohrer vor und benutze die Schmiege, um die Winkel richtig auszuarbeiten. Arbeite sorgfältig. Der Kopf muss fest sitzen. Passe die zur Brücke hin weisenden Anfasungen an, wenn du den Kopf montiert hast.

Keile und Bolzen

Stelle die Keile, die Kopf und Pedal halten, aus hartem Material her. Sie müssen so angepasst werden, dass sie stramm sitzen, wenn sie mit Kraft eingeschlagen werden. Der untere Keil unter dem Pedal kann auch durch ein 12-Millimeter-Loch mit einem Bolzen ersetzt werden. Der Bolzen im Arm wird aus einer 10-Millimeter-Eisenstange, welche an einem Ende angespitzt wird, angefertigt. Dank der Spitze lässt er sich leichter in das Loch stecken. Der Bolzen kann auch aus Esche oder Eiche mit einem Durchmesser von 16 mm hergestellt werden.

Das Spalten mit zwei kräftigen Keilen.

Das Spalten von Holz

Werkzeuge Klüpfel, Spaltaxt, Spaltmesser, Eisen- oder Aluminiumkeile. Du kannst auch eigene Holzkeile aus Eberesche oder Eiche herstellen.

Vorteile Ein Slöjd- oder Grünholzwerker arbeitet stets mit gespaltenem Material. Das geht sehr schnell, wenn man gerade gewachsenes, astfreies frisches Holz zur Verfügung hat. Das spart Energie – sowohl Strom als auch Muskelkraft. Es ist auch viel leichter, frisch gespaltenes gerade gewachsenes Holz mit Schneidwerkzeugen zu bearbeiten. Der Spalt folgt dem Faserverlauf. Dies ergibt starke, biegsame und flexible Rohlinge ohne unangenehme Überraschungen. Gesägtes Holz hat oft Äste und wellig verlaufende Fasern mit abwechselnd unterschiedlichem Richtungsverlauf - das macht es schwierig, in diesem Holz zu schnitzen. Außerdem treten beim Trocknen Spannungen und Verwerfungen auf. Man erhält durch Spalten die besten Rohlinge, die ein deutlich besseres Resultat ergeben.

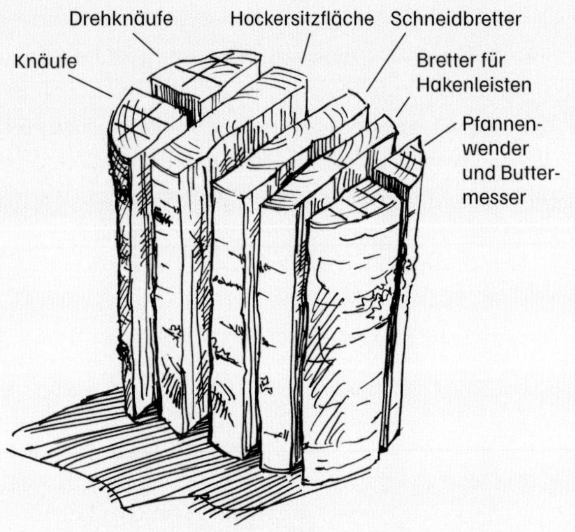

Entferne die Markröhre und die darum liegenden nächsten Zentimeter, die oftmals zum Reißen neigen. Das Spalten ist immer auch ein Glücksspiel. Oft glaubt, man ein gutes Werkstück aus dem Holz heraus zu holen und muss es dann später als fehlerhaft beiseite legen.

Holzstücke zurecht zu sägen ist zeitraubend, spart allerdings Material. Aber oft werden die Faserverläufe im Holz durchgesägt. Das beeinflusst die Belastbarkeit und die Stärke des Materials für deine Werkstücke. Dadurch werden auch die Dimensionen von dem, was du bearbeiten willst, bestimmt.

Es ist unglaublich wichtig, gutes Ausgangsmaterial zu haben. Um beurteilen zu können, wie ein frisches Stück Rundholz von innen aussieht, benötigt man viel Erfahrung. Jede Holzart hat unterschiedliche Eigenschaften. Diese unterscheiden sich außerdem von Baum zu Baum und hängen auch davon ab, welcher Teil des Baumes genommen wurde. Die Wurzelteile sind oftmals geflammt, was sie sehr stabil macht. Das Spalten wird allerdings dadurch sehr schwierig. Eiche lässt sich zum Beispiel sehr leicht und sehr gerade spalten, die Eberesche ist dagegen ein zähes Holz. Außerdem wird das Holz durch die Jahreszeit beeinflusst. Gefrorene Birke lässt sich zum Beispiel leicht spalten, der Spalt läuft allerdings zu einer dünneren Seite hin leicht aus. Holz lässt sich am geradesten bei Raumtemperatur spalten.

Allgemeine Regeln für die Holzauswahl

- Das Holz muss in gesundem Allgemeinzustand sein. Stand der Baum in nassem Boden, sollte man sich vor Kernfäule in acht nehmen. Stand der Baum an einem Hang, gibt es im Stamm Druck- oder Zugholz.
- Vermeide Äste. Manchmal sind alte Äste überwachsen. Aber manchmal kann man schon von außen Unebenheiten in der Borke sehen und erkennen, ob es innen Äste gibt. Diese machen den Faserverlauf wellig und erschweren die Bearbeitung mit schneidenden Werkzeugen.
- Meide verdrehte Stämme. Am nicht ganz senkrechten Verlauf der Borke kann man die Verdrehungen erkennen. Die Auswahl des Holzes wird durch den Gegenstand, der hergestellt werden soll, bestimmt: Gerade oder krumm gewachsen, grob oder zierlich. Gib bei der Länge des Werkstückes am Maß etwas zu, so dass du später Möglichkeit hast, Trocknungsrisse wegzuschneiden. Der Teil um die Markröhre wird später entfernt. Denke deshalb daran, die Abmessungen größer zu wählen als die Endgröße.

Rohlinge

Leicht zu spalten:
Esche, Eiche, Schwarzerle, Salweide, Espe

Mittelgut zu spalten:
Birke, Kiefer, Fichte, Grauerle

Schwierig zu spalten:
Eberesche, Faulbaum, Ulme, Wacholder, Flieder, Obstholz, Hainbuche und Mehlbeere

Welche Holzarten für das Holzwerken geeignet sind und ihre Eigenschaften, siehe Tabelle auf Seite 36).

Das Spalten

Das Spalten beginnt man mit Keilen. Zwei gleiche Keile ergeben ein saubereres Ergebnis. Die Aluminiumkeile von Agdor sind ausgezeichnet. Mache zuerst eine Markierung mit dem Spaltmesser. Diese vorher geschlagene Markierung bewirkt, dass das Holz sich gleichmäßig teilt. Spalte zuerst durch die Markröhre. Es ist im Allgemeinen leichter, radial zu spalten, das heißt im Radius von der Markröhre ausgehend. Das tangentiale Spalten mit dem Verlauf der Jahresringe ist schwieriger. Aber jede Holzart hat da ihre speziellen Eigenschaften. Im trockenen Zustand ist das alles weniger wichtig.

Benutze das Spaltmesser, um dem Holz den späteren Spalt vorzugeben. Spalte dann mit einem Spalthammer. Stehe fest. Lass eine Hand im Schlag am Stiel entlang laufen, um die Wucht und die Zentripetalkraft zu verstärken. Triff den Keil im rechten Winkel. Setze die Kraft effektiv ein! Plane das Spalten, bevor du anfängst.

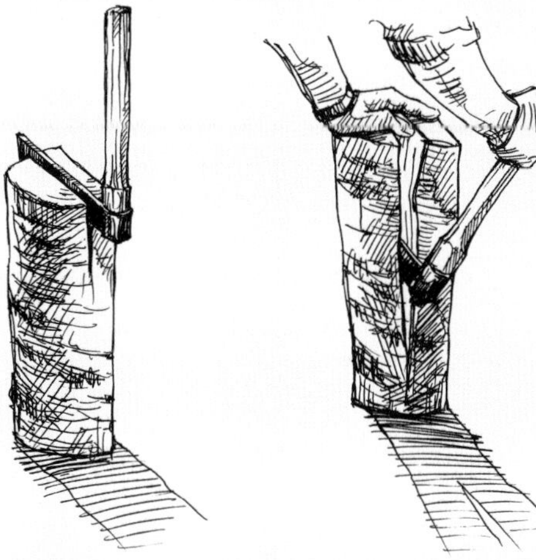

Regeln für das Spalten Benutze immer den Klüpfel, um auf das Spaltmesser zu schlagen.

1. Spalte immer in gleiche Hälften. Zwischen den Massen der beiden Hälften sollte ein Gleichgewicht bestehen. Sind sie im Gleichgewicht, läuft der Spalt gerade durch das Holz. Äste erschweren die Arbeit beim Spalten. Richte das Spaltmesser oder die Axt sorgfältig aus. Oftmals verändert man im Schlag auf das Spaltmesser unwillkürlich die Richtung.
2. Vollende immer eine Spaltung. Sonst bekommst du Risse im Werkstück, welche es unbrauchbar machen. Schlage deshalb hart zu, damit das Spaltmesser schon beim ersten Schlag in das Holz eindringt. Macht es das nicht, ist es wichtig, dass du das Eisen für den zweiten Schlag noch einmal neu in der gleichen Position ausrichtest.
3. Hebel das Spaltmesser gegen die dickere Seite, falls die Masse ungleich verteilt sein sollte. Dadurch verläuft der Spalt gerader. Stecke niemals die Hand in einen unvollendeten Spalt.

Indem du überschüssiges Material von beiden Enden aus abspaltet, anstatt es mit dem Beil wegzuschlagen, sparst du Muskelkraft. Entferne das Material in Schichten, um den endgültigen Ausmaßen möglichst nahe zu kommen. Lasse aber genügend Materialstärke übrig, um die Oberfläche mit dem Ziehmesser glätten zu können. Mache Werkstücke mit quadratischem oder rechtwinkligem Querschnitt. Richte mit Axt oder Ziehmesser zu. Wenn du Eisenkeile verwenden musst, benötigst du eine Schutzbrille, da Splitter vom Keil losgeschlagen werden können.

Ich habe immer ein Stück gerade gewachsene Birke in der Werkstatt. So kann ich, selbst wenn das Holz schon trocken ist, die richtigen Abmessungen für ein Werkstück viel schneller durch Spalten erreichen, als dies mit der Säge geht. Man muss die Gegebenheiten nutzen, die einem das Holz bietet. Das ist die Philosophie des Grünholzwerkens. So macht das Arbeiten mit Holz Spaß!

Eine selbstgebauter „Spaltbock" ist ein gutes Hilfsmittel beim Holzspalten mit dem Spaltmesser. Hierbei wird die Hebelwirkung verstärkt, so dass der Spalt gerader durch das Holz läuft.

Schnitzen und Ergonomie

Geschnitzte Oberfläche, glatte Schnitte

Du kannst keine glattere Oberfläche erhalten, als eine glattgeschnitzte. Kein Schleifpapier auf der Welt kann eine Oberfläche erzeugen, die mit der Schönheit einer glattgeschnitzten Oberfläche, die das Licht reflektiert, konkurrieren kann. Außerdem ist das Schleifen nicht nur staubig und langweilig, sondern auch zeitraubend. Die Grundlage des Schnitzens ist der Schnitt mit dem Messer in das Holz. Versuche einmal, ein scharfes Messer leicht gegen die Haut zu drücken. Wenn die Schneide nicht bewegt wird, wirst du bemerken, dass du dich nicht schneidest. Genauso ist es mit dem Holz. Der Vorteil eines schwach konkaven Anschliffs ist, dass er lange glatte Oberflächen erzielt. Dies verstärkt die Form und führt zu einem deutlichen Linienspiel auf den Gegenständen, die du herstellst. Das wird am deutlichsten bei exakten, klaren Schnitten.

Sicherheit ist wichtig. Der Griff muss fest in der Hand liegen, so dass du dich an die Arbeit wagen und dem Messer die Kraft geben kannst, die es benötigt, um durch das Holz dringen zu können. Es gibt eine größere Anzahl Kniffe, um Kontrolle, Kraft und Feingefühl zu bekommen, die davon abhängen, was man herstellen will und in welcher Situation man sich befindet. Auf den Seiten 88 bis 92 findest du eine Zusammenstellung grundlegender Schnitzgriffe.

Schnitze bewusst!

Man kann nicht entgegen der Faserrichtung schnitzen. Das wirst du schnell feststellen. Das Holz wird aufspalten und die Oberfläche schartig. Deshalb musst du dann einen anderen Griff anwenden oder das Werkstück so drehen, dass du mit der Faserrichtung schneidest. Wenn die Form, an der du schnitzt, konkav wird, wird sich die Faserrichtung ändern. Dann muss man sehr vorsichtig arbeiten, damit die Oberfläche nicht beschädigt wird. Messer müssen scharf sein. Ein Messer freihändig schleifen und abziehen zu können ist eine Kunst. Wenn man das Messer als Grundwerkzeug beim Holzwerken benutzen will, ist es wichtig, das zu können. Lies das folgende Kapitel über das Schleifen und Abziehen sorgfältig.

Gas geben und bremsen können

Die Sicherheit ist bei der Arbeit mit Schneidewerkzeugen sehr wichtig. Ich wende viel Kraft an, wenn ich viel Holz entferne und wenn ich kontrollierte, glatte Schnitte mache. Deshalb ist es wichtig, die Kraft verstärken, aber auch zurücknehmen zu können. Denke vorher darüber nach. Was passiert, wenn die Klinge vom Holz rutscht? Kann ich dann noch bremsen? Gibt es da einen eingebauten Sicherheitsgurt? Im Allgemeinen kennt man die Griffe und beurteilt unbewusst das Sicherheitsrisiko. Was sich nicht sicher anfühlt, ist auch nicht sicher. Es ist sehr wichtig, mit dem gesamten Körper zu arbeiten, sowohl mit dem Körpergewicht als auch mit der Muskelkraft. Beim Schnitzen sind es oftmals die Rückenmuskeln, die hilfreich sind. Wenn man eine Sitzoberfläche der Endbearbeitung mit dem Bildhauereisen unterzieht, stützt sich die linke Hand auf dem Werkstück ab und bremst das Eisen. Die rechte Hand hält das Eisen, wobei gleichzeitig die Handwurzel vor dem Brustkorb liegt, der die Bewegung nach vorne ausübt. Die Kraft kommt vom ganzen Körper bis hinunter zur Ferse des rechten Fußes. Stellungen und Griffe können variiert und unendlich kombiniert werden. Habe keine Angst, das selbst auszuprobieren. Wenn du beim Schnitzen sehr geschickt geworden bist, benötigst du kein Schleifpapier. Du sparst dir dadurch sowohl zeitraubende Arbeit als auch ungesunden Schleifstaub.

Bedenke, dass die Kunst des Schnitzens lange Zeit der Übung braucht. Habe Geduld, wenn es dir nicht sofort gelingt, eine glatte Oberfläche zu erzielen. Das ist genauso wie beim Erlernen eines Musikinstrumentes. Das klingt auch nicht von Anfang an so sauber und der Rhythmus ist nicht im Takt. Der Schwung kommt nach vielen Übungsstunden im Probenraum.

Schleifen und Abziehen

Der Anschliff für Schnitzmesser Es ist sehr wichtig, dass ein Schneidwerkzeug richtig geschliffen ist. Der Anschliff sollte ein leichter Hohlschliff sein und zwar ohne Facetten oder Abrundungen. Die Rückseite der Fase gibt Halt, während die Schneide durchs Holz gleitet. So kannst du lange, glatte Oberflächen ohne Probleme mit dem Messer erarbeiten.

Ist der Anschliff konvex, bauchig oder hat er Facetten, verliert die Schneide den Kontakt zum Holz und hört auf gerade zu schneiden, weil die Rundungen der Fasen über ihren Rücken gleiten. Als Grundregel kann man sich merken, dass konkave Fasen zum Schnitzen planer Oberflächen benutzt werden, während man konvexe zum Aushöhlen verwendet.

Die Härte des Holzes sowie die Stahlqualität beeinflussen, wie lange die Schneide scharf bleibt. Wird ein zu spitzer Anschliffwinkel gewählt, kleiner als 22°, wird sie zu dünn und dadurch zerbrechlich. Sie bricht auch leicht ab, wenn der Stahl zu stark gehärtet wurde. Umgekehrt verbiegt sich die Schneide, wenn der Stahl zu weich ist. Die Stahlqualität, die Härtung und das Anlassen (Durch das Anlassen wird der Stahl nach dem Härten wieder ein wenig weicher) spielen eine große Rolle, um die richtige Härte und Zähigkeit im Verhältnis zu den Anschliffwinkeln zu bekommen. Um die Winkel der Schneide zu vermessen, benutzt du eine Winkelschablone oder einen Geodreieck.

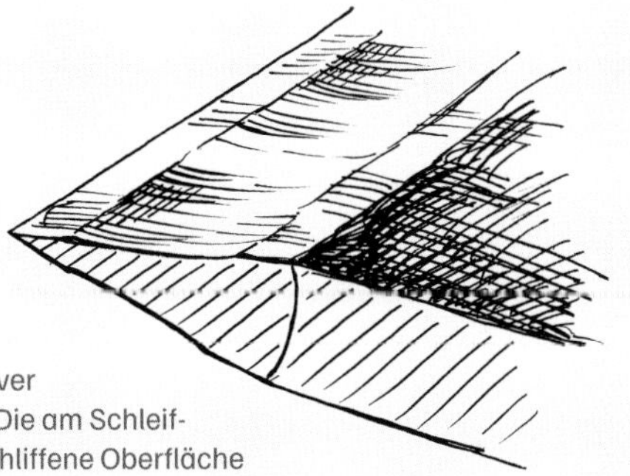

Ein konkaver Anschliff. Die am Schleifstein geschliffene Oberfläche ist konkav, die abgezogene Oberfläche ist plan. Die Fasen sind auf beiden Seiten gleich breit. Schneidenwinkel 22 – 25 Grad, abhängig von der Stahlqualität.

Der Schliff für die Jagd Messer, die man heutzutage kaufen kann, haben oftmals einen so genannten Jagdschliff mit einer zweiten Fase an der Vorderkante, damit das Messer besser hält. Dies muss vor dem Schnitzen weggeschliffen werden.

Der Anschliff zum Spalten Wenn man Holz spalten will, ist es von Vorteil, wenn der Anschliff konvex ist, da er das Holz auseinander drücken, aber nicht schneiden soll.

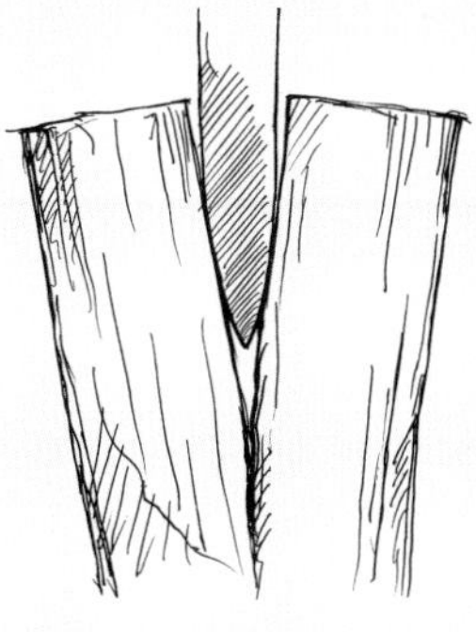

Konvexer Anschliff für Spaltwerkzeuge.

Das Schleifen

Notwendige Schleifausrüstung Schleifstein. Zwei Abziehsteine, ein grober und ein feiner. Polierpaste.

Stehe fest, wobei die Beine hintereinander stehen, und lege die Ellenbogen an den Körper. Führe das Messer über dem Stein in exakt dem gleichen Winkel vor und zurück. Verändere niemals deine Position im Verhältnis zum Stein, bevor du einen guten Anschliff hinbekommen hast.

Messer Um auf beiden Seiten der Schneide eine Fase zu erhalten, wird das Messer entweder auf einem langsam laufenden, wassergekühlten Schleifstein, auf einem schnellaufenden Schleifstein oder auf einem Bandschleifer mit einem Schleifband für Metall geschliffen. Wenn viel Metall schnell abgeschliffen wird, besteht die Gefahr, dass das Metall zu heiß wird und die Härte, die es durch den Härtungsprozess bekommen hat, verliert. Deshalb ist beim Schleifen auf schnellaufenden Schleifmaschinen größte Vorsicht geboten, da hierbei keine Kühlung vorhanden ist. Der traditionelle Schleifstein hat einen Wassertrog, der dafür sorgt, dass Wasser rund um den Schleifstein mitgenommen wird und die Klinge während des Schleifens kühlt. Du kannst die Auflage des Schleifsteins als Halt und Stütze benutzen, um bessere Kontrolle und Stabilität zu haben.

Wenn das Messer auf dem Weg ist, einen konvexen Anschliff zu bekommen, oder wenn es beschädigt wurde, muss es geschliffen werden. Bevor es aber geschliffen wird, kann man es vorher mehrmals abziehen. Damit das Schleifen am Schleifstein glückt, benötigt man Übung.

Lege die Fase vorsichtig an den Stein und sei „hellhörig", damit die Fase auf ihrer gesamten Länge anliegt. Wenn du erkennst, dass alles richtig ist, gib mehr Druck und bewege das Messer seitlich. Hebe die Klinge zur Spitze hin ein wenig an, um den Schneidenwinkel stumpfer zu machen. Das ist günstig, um in runden Löchern zu schnitzen.

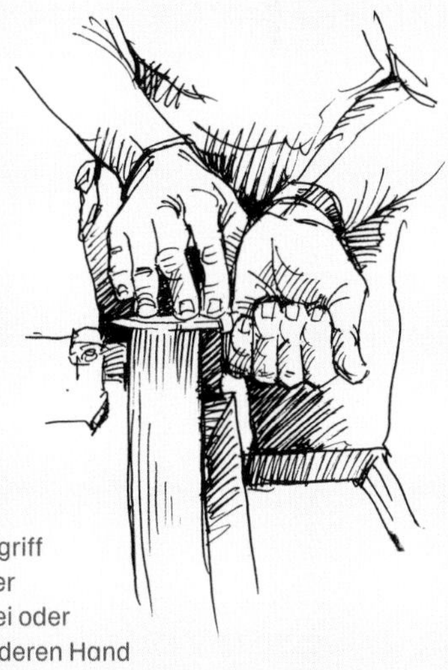

Halte den Messergriff von unten, damit er fester anliegt. Zwei oder drei Finger der anderen Hand halten das Messer am Rücken.
Eine Möglichkeit festzustellen, ob die Fase gut anliegt, ist auf das Wasser zu schauen. Es muss gleichmäßig über die Oberseite fließen, ohne sich an der Schneide zu stauen. Wenn der Anschliff fertig ist, siehst du, wie das Wasser sich zu kräuseln beginnt. Ein Grat ist entstanden.

Ein Grat ist übrig gebliebenes Schleifmaterial, welches sich noch nicht von der Schneide gelöst hat. Wichtig ist, dass der Grat über die gesamte Länge der Klinge geht. Ist irgendwo kein Grat aufgetreten, ist der Anschliff noch nicht fertig. In diesem Fall ist noch eine Facette oder eine Rundung übrig geblieben, die noch weggeschliffen werden muss. Lasse deinen Schleifstein niemals im Wasser stehen. Er weicht auf und wird oval, was das Schleifen deutlich erschwert.

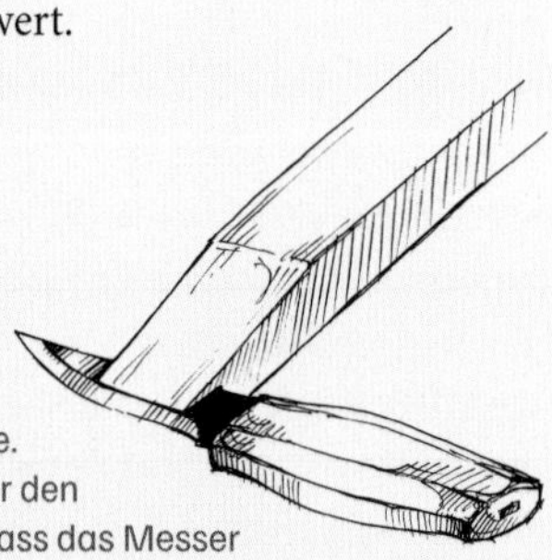

Ein Schleifstock erleichtert die Arbeit bei einer konvexen Fase. Säge eine Aufnahme für den Messerrücken ein, so dass das Messer darin festgeklemmt wird. Der Stock ist etwa 35 cm lang. Lege die Hand rund um den Schleifstock und drücke diese vor die Brust, um den Anschliffwinkel zu fixieren.

Axt Es ist bedeutend leichter, gerade und flache Oberflächen zu erhalten, wenn die Fase auf der Seite, die am Holz anliegt, länger ist als die äußere. 15–20 mm sind wünschenswert. Damit die Schneide hält, muss der Anschliffwinkel etwa 30 Grad betragen. Dann ist der äußere Anschliff kürzer und wird „Bruchfase" genannt. Beim Behauen des Werkstücks wird mit dieser Fase der Span vom Holz gebrochen.

Die Schneide der Axt kann bei dir entgegenlaufendem Stein in diesen hinein schneiden und sowohl dir als auch dem Schleifstein Schaden zufügen. Deshalb ist die Ergonomie so wichtig für Kontrolle und sicheren Stand. Der Körper wirkt wie eine große Haltevorrichtung oder Werkzeugfixierung, wenn du die Gelenke ruhig stellst und fest stehst. Drücke die Ellenbogen an den Körper. Stelle dich mit seitlich gerichteten Füßen breitbeinig hin. Die Kraft der Schleifmaschine wirst du bis hinunter in die Füße spüren. Halte den Axtkopf mit der ganzen Hand. Die Finger werden auf der gesamten Schneide fächerförmig ausgebreitet. Die zweite Hand liegt etwas weiter unten am Schaft und stabilisiert ihn. Der ganze Brustkorb presst die Axt gegen den Schleifstein.

Wenn die Fase beschädigt wurde oder konvex ist, stellt es deine Geduld deutlich weniger auf die Probe, wenn du einen Teil des Materials mit einer schnelllaufenden Schleifmaschine entfernst. Kühle die Schneide dabei oft mit kaltem Wasser. Wenn die Klinge anläuft, ist der Stahl zerstört.

Ziehmesser Die Technik ist die gleiche wie bei der Axt. Am leichtesten kann man ein Ziehmesser auf einem großen Schleifstein schärfen. Ziehmesser werden oft auf nur einer Seite geschliffen, aber auf beiden Seiten abgezogen.

Schnitzeisen Diese müssen in einer gleichmäßigen Bewegung hin und her gerollt werden. Gebogene Schnitzeisen benötigen keine konkave Fase, um die Schneide genügend aufliegen zu lassen. Wenn die Fase den gleichen konvexen Radius hat wie die Form, die geschnitten wird, funktioniert es gut. Die Firma Tormek bietet eine Menge unterschiedlicher Schleifvorrichtungen an, die das Schleifen viel einfacher machen, wenn man im freihändigen Schleifen noch nicht sicher genug ist. Benutzt man diese Vorrichtungen, ist es natürlich schwieriger, sich das freihändige Schleifen beizubringen.

Abziehen

Wenn die Fasen fertig sind, muss der aufgetretene Grat abgezogen und wegpoliert werden. Falls der Grat stehen geblieben ist, und du das Werkzeug so benutzt, bricht der Grat oder er biegt sich über die Schneide und zerstört deine neue Fase. Um den Grat zu entfernen, gibt es Abziehsteine unterschiedlicher Körnung. Normalerweise werden drei Körnungen benutzt: grob, mittel und fein. Meistens reichen ein grober und ein feiner. Mit dem feinen Abziehstein benötigt man allerdings längere Zeit. Ziehe jede Seite mehrmals ab. So wird der Grat immer weniger und löst sich von der Schneide. Lies mehr über das Abziehen auf Seite 47.

Presse die Fase mit dem Daumen gegen den Abziehstein und entferne den Grat, indem du das Messer einige Male schräg vor und zurück bewegst. Achte darauf, dass du die ganze Zeit Stein und Fase aneinander drückst, damit die Fase am Stein anliegt.

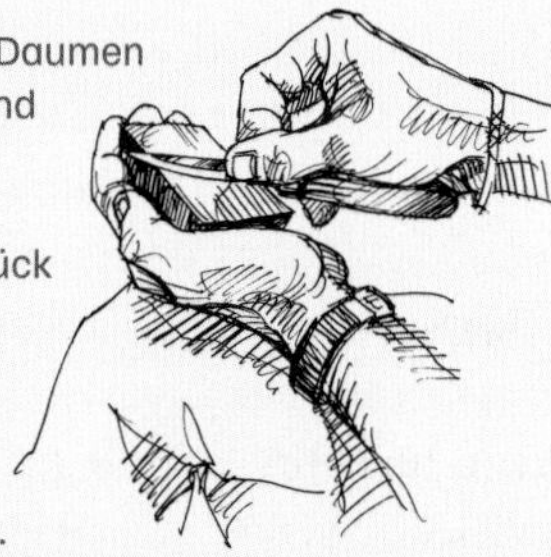

Beim Abziehen von Äxten und Schnitzeisen ist es am einfachsten, die Schneide im richtigen Winkel stillzuhalten und den Stein gegen die konkave Fase kreisen zu lassen. Halte die Axt mit einer Hand in der Nähe des Axtkopfes. Lege den Stein so an die Axt, dass er zuerst an der Hinterkante der Fase ansetzt. Winkle sie dann so an, dass sie am Abziehstein dicht anliegt. Wenn das Wasser unter der Schneide herausgepresst wird, ist das ein Indiz dafür, dass es richtig ist. Drehe den Abziehstein in einer fast kreisförmigen Bewegung, bis du den Grat an der Vorderkante der Fase abgeschliffen hast. Runde niemals die Fase ab. Spüle die Metallreste herunter und trockne deinen Abziehstein immer ab.

Abziehen mit Polierpaste

Um ein gutes Finish zu erzielen, muss man die mikroskopisch kleinen Reste der Grate mit Hilfe eines Poliermittels, einer Abziehpaste, entfernen. Benutze eine feine Schleif- und Polierpaste, die zum Feinschliff von Metallen im Handel erhältlich ist. Streiche die Paste dünn auf ein glatt gehobeltes Holzstück. So erhältst du ein einfaches Abziehbrettchen. Presse das Abziehbrettchen gegen die Fase und ziehe von der Schneide weg. Dann wenden und mehrmals wiederholen. Du kannst fühlen, ob noch etwas vom Grat übrig geblieben ist, indem du die Schneide über einen Fingernagel führst. Wenn es noch etwas „reißt", ist das Messer noch nicht vollständig scharf. Manchmal reicht es aus, nur einige Male abzuziehen, um die Klinge wieder so scharf wie ein Rasiermesser werden zu lassen.

Wende die Klinge, schiebe den Zeigefinger vor und drücke die Fase nach unten. Wechsle 3 – 4 Mal die Seite, bis du zu einem feineren Abziehstein wechselst.

Pflege

Wenn man einige Male geschliffen hat, möchte man vielleicht sagen: „Das wäre ja ein Elend, wenn es nicht einen solchen Spaß machen würde zu schnitzen!" Du wirst beim Schleifen mit der Zeit geschickter werden, wenn du mal hier und da ein Stündchen übst – am besten an einer billigen Messerklinge. Weil das Schleifen doch viel Zeit beansprucht, sollte man seine Werkzeuge gut pflegen. Lasse niemals ungeschützte Schneiden in der Werkzeugkiste herumliegen, und steige niemals mit Schuhen auf einen Hauklotz.

Bemalung und Oberflächenbehandlung

Pigmente

Einige Farbpigmente werden seit Tausenden von Jahren benutzt und haben als Grundlagen Erde, Mineralien und Stoffe aus dem Pflanzenreich; Umbra- und Ockertöne, die von Dunkelbraun bis Gelb und Rot reichen. Weiße Erdarten und Kalk bildeten weiße Farben und Ruß schwarze. Aus den Mineralien stammen der rote Zinnober, Grünerde (Verwitterungsprodukt von Silikaten, die Minerale wie Augit und Hornblende enthalten), Berggrün (Synonym für Malachitgrün), Bergblau (Synonym für Azurit) und Ultramarin (Früher Lapislazuli, heute synthetisch). Aus dem Pflanzenreich erhält man Van-Dyck-Braun (Auch Kasslerbraun, aus Braunkohle), Krapplack (Früher Wurzelkrapplack, heute synthetisch), Indigo, Safran, Gummigutt (Synonym: Gamboge) und Drachenblut (Sammelbegriff für Drachenblutharze, dunkel- bis rubinrote Farbe). Indischgelb wurde aus Tierurin, Purpur aus Schnecken und Schwarz vom Tintenfisch gewonnen. Schon früh stellte man Bleiweiß, Bleimennige und die Kupferfarbe Verdigris (Synonym für Grünspan) her. Im 18. Jahrhundert kamen Chromgelb, Kobaltgrün und Eisenblau hinzu.

Erst im 19. Jahrhundert wurden viele der heutzutage wichtigsten Farben entwickelt – Cadmiumgelb, Chromoxidgrün, Kobaltblau und synthetischer Ultramarin kamen hinzu.

Alle Pigmente haben verschiedene Eigenschaften, wie zum Beispiel Deckvermögen, Löslichkeit in Öl und Trocknungszeiten. Einige sind ungiftig, andere hingegen nicht! Darauf musst du auf jeden Fall achten.

Um das Bemalen zu erleichtern, wird eine kleine Menge gekochten Leinöls der Künstlerölfarbe hinzugesetzt, bis die Mischung eine joghurtähnliche Konsistenz hat.

Leinöl

Leinöl war ein Restprodukt beim Anbau von Lein für textile Zwecke. Nachdem man das Öl aus den Leinsamen gepresst hatte, konnte man den Presskuchen an Tiere verfüttern. Das Leinöl trocknet, indem es mit dem Sauerstoff der Luft oxidiert und dabei Linoxin bildet. Diese Eigenschaften erwiesen sich als nützlich, als das Öl mit Pigment vermischt wurde. Rohes, kaltgepresstes, voroxidiertes Leinöl hat vorzügliche Eigenschaften. Es dringt besser ein und vergilbt nicht so stark wie das gekochte Leinöl. Deshalb ist es so gut für unbemalte Holzoberflächen geeignet, die eine Oberflächenbehandlung bekommen sollen. Gekochtes Leinöl wird zusammen mit Pigmenten verwendet, weil es so schneller trocknet. Außerdem kann gekochtes Leinöl Verdünnungsmittel sowie Blei und Cadmium und andere schädliche Schwermetalle enthalten. Verbrenne die Putzlappen sorgfältig, oder tränke diese mit Wasser und lege sie in eine Plastiktüte, die verschlossen wird. Bei der Oxidation wird Wärme freigesetzt, was zur Selbstentzündung von mit Öl getränkten Lappen oder Papier führen kann.

Das Malen mit Leinölfarbe

Damit eine Ölfarbe nicht körnig und ungleichmäßig wird, muss man die Pigmente sorgfältig mit dem Bindemittel vermischen. Sie werden zusammen mit dem Leinöl auf einem flachen Stein, auf einer Glasscheibe oder in einem Mörser zerrieben und vermischt. Künstlerölfarben gibt es angemischt in der Tube. Sie wurden unter hohem Druck mit Walzen und der richtigen Menge Leinöl im Verhältnis zum Aufnahmevermögen der Pigmente zerrieben und angemischt. Das ist teurer, aber praktisch und zeitsparend, und man erhält ein besseres Endergebnis.

Obwohl die Farbe direkt auf dem Holz ohne Grundierung dünn verteilt wird, benötigt man unglaublich wenig davon. Um das Anmalen zu erleichtern, setzt man der Farbe etwas rohes, kaltgepresstes, oxidiertes Leinöl hinzu, bis sie die Konsistenz von Trinkjoghurt erhält. Aber sei vorsichtig und taste dich vor. Die Pigmente erfordern unterschiedliche Mengen des Öls. Fügt man zu viel Öl hinzu, kann die Oberfläche geflammt und runzelig werden. Male dünn in mehreren Schichten, wenn du eine gedeckte und glänzende Oberfläche anstrebst.

Die Trocknungszeiten sind bei allen Pigmenten unterschiedlich. Die Erdfarben trocknen generell schneller. Setze zum Beispiel immer eine Messerspitze ungebrannte Umbra, um Titanweiß zu brechen, oder Elfenbeinschwarz hinzu, um die Trocknungszeit zu verkürzen. Man kann allerdings einige Tropfen eines Sikkativs (Stoffe, die ölhaltigen Farben und Lacken zugesetzt werden, um die Trocknung zu beschleunigen) hinzufügen, um die Trocknungszeiten zu verkürzen. Aber Sikkative sind nicht gesund und verschlechtern außerdem die Eigenschaften der Farben.

Die Pigmente haben auch unterschiedliche Deckeigenschaften. Zum Beispiel vermischt man oft Titanweiß, welches ein gutes Deckvermögen hat, mit Zinkweiß, welches bessere Trocknungseigenschaften aufweist.

Du kannst die Farbe auch mit Balsamterpentin verdünnen. So lässt sie sich leichter verstreichen und trocknet schneller. Setze das Terpentin tropfenweise mit einer Pipette zu. Zu viel Terpentin verschlechtert die bindenden Eigenschaften des Leinöls und ist auch nicht gesund. Achte auf gute Belüftung.

Arbeite immer erst an einem Stück Probeholz der gleichen Holzart und Oberflächenbeschaffenheit. Die Farbwahl erfordert Gefühl, weil Sättigung, Schwärze, Weiße, Klang und Transparenz sich gegenseitig beeinflussen. Das gibt auch Auskunft über die Trocknungszeit. Verteile die Farbe quer zum Faserverlauf auf der Oberfläche. Am Ende streiche längs zur Faser. Pinsel mit synthetischen Borsten ergeben ein gutes Resultat.

Das Buch Oljemålarens färghandbok (deutsche Ausgabe unter dem Titel: Die kleine Farbpalette: Öl) von Rosalind Cuthbert gibt gute Beispiele, welche Farbtuben angewendet werden müssen, um die Farben und Farbnuancen zu erzielen, die du anstrebst. Mische deine Farben am besten in kleinen Plastikdosen mit dichtem Deckel. So kannst du die Farben über mehrere Monate verwenden. Entferne, bevor du malst, die Haut von der Oberfläche.

Weitere Bindemittel und Techniken

Du kannst auch andere Bindemittel wie Ei-Öl-Tempera, Leim, Öl, Filmjölk („Schwedenmilch“, ähnlich wie der dänische Ymer-Joghurt) und Milch mit trockenem Pigment verreiben. Ei-Öl-Tempera ist ein widerstandsfähiges Bindemittel. Das Rezept ist 1 Teil Ei, 1 Teil Leinöl, 1 Teil Wasser. Das Wasser wird in einem Zug mit Ei und Öl vermischt. Die Mischung kann einige Monate im Kühlschrank wie Frischware aufbewahrt werden. Mische das Pigment mit der Tempera in einem Mörser zu einer zähen Paste, die später mit mehr Tempera verdünnt wird. Ei-Öl-Tempera erhält durch Benutzung

Grundausstattung an Farben

- Grau: Paynes Grau
- Blau: Ultramarin, Pariser Blau (Synonym für Preußisch Blau), Kobaltblau
- Grün: Chromoxidgrün, Grünerde, grünliches Umbra, Smaragdgrün
- Braun: Ungebranntes Umbra, gebranntes Umbra, gebrannte Terra di Siena, ungebrannte Terra di Siena, Caput Mortuum
- Gelb: Goldocker, Cadmiumgelb
- Rot: Cadmiumrot, Krapplack, Englischrot (Synonym für Eisenoxidrot), Caput Mortuum
- Schwarz: Elfenbeinschwarz (Verkohltes Elfenbein), Eisenoxidschwarz
- Weiß: Zinkweiß, Titanweiß

Eine Farbe besteht aus zwei Teilen: Pigment und Bindemittel. Das Pigment, Farbpulver, gibt die Farbe. Das Bindemittel befestigt die Pigmente auf dem Untergrund, macht die Oberfläche verschleißfest und gibt den Farbton und Glanz. Zusammen geben sie der Farbe Klang, Deckvermögen und Trocknungseigenschaften.

einen schönen Glanz. Sie hat aber eine lange Trocknungszeit, es kann bis zu einem Jahr dauern, bis sie völlig durchgetrocknet ist. Möchtest du, dass die Farbe sich nicht in den Untergrund einsaugt und „setzt“, das heißt zu schnell auf der Oberfläche trocknet, kannst du zuerst mit einer dünnflüssigen Tempera ohne Pigmente grundieren.

Versuche mit Schablonen zu malen. Klecksmalerei, Marmoriertechniken, Ädern mit Alkohol, Flammen, Stempeln – die traditionellen Techniken sind vielfältig und spannend.

„Allein das bescheidene, aber auserlesene Zusammentreffen zwischen Farben und Nuancen hervorbringen zu können, würde mir innere und wahrhaftige Zufriedenheit schenken.“

Aus I Brokiga Blads vatten von Torgny Lindgren

Detail der Spitze eines Spinnrockens.
Västerbottens Museum.

WEITERE HANDGEFERTIGTE GEGENSTÄNDE

Spazierstöcke und Gardinenstangen

Bei einem eleganten Spazierstock sitzt ein Knauf auf einem langen Weidenstab, von dem die Rinde in Form einer Spirale abgeschält wurde. Der echte Dandy hält den Knauf in der Hand, wenn er vornehm durch die Stadt spaziert. Ein Gehstock. Die Idee kommt von dem Kunsthandwerker Bengt Lidström aus Kassjö. Er hatte als Kind immer den Dandy gespielt, nachdem er die Annonce eines Herrenausstatters im Västerbottens-Kuriren gesehen hatte. Wenn dir das Leben des Dandys nicht gefällt, sieht dieser Stock aber auch hübsch als Stütze für Blumen im Beet, Blumenkasten oder Blumentopf aus.

Die Gardinenstange wurde aus junger, gerade gewachsener Birke gemacht. Die Knäufe haben Löcher, die auf die geschnitzten Zapfen der Stange gesteckt werden. Die Gardinenstange kann auf Konsolen aus Birke ruhen, die wie Haken gewachsen sind.

Werkzeug Messer, Schlangenbohrer, Ziehmesser, Klüpfel, Schweifhobel

Materialauswahl

Knäufe: Trockene Birke
Stange: Trockene Birke oder Ebereschenrute, etwa 25–30 mm Durchmesser.
Spazierstock: Weide oder Haselweide mit 15 mm Durchmesser.

Wie werde ich Dandy?

Mache zuerst den Stock. Hole dir die Rute im Frühsommer, wenn die Rinde sich noch leicht vom Holz löst. Schneide mit dem Messer eine Spirale in die Rinde, wobei du die Rute auf das Knie legst und gleichzeitig unter der Messerschneide hindurch drehst (unten). Lasse 30 mm Abstand für die nächste Spirale, die genau zwischen der ersten liegt. Schäle die Rinde zwischen den Schnitten vorsichtig ab. Wenn die Rute einige Tage Zeit zum Trocknen hatte, schnitze ganz oben an einem Ende einen etwa 20 mm langen Zapfen, der im Durchmesser etwas kleiner ist als der Stock. Ein Durchmesser von 12 mm passt gut zu einem entsprechenden Schlangenbohrer.

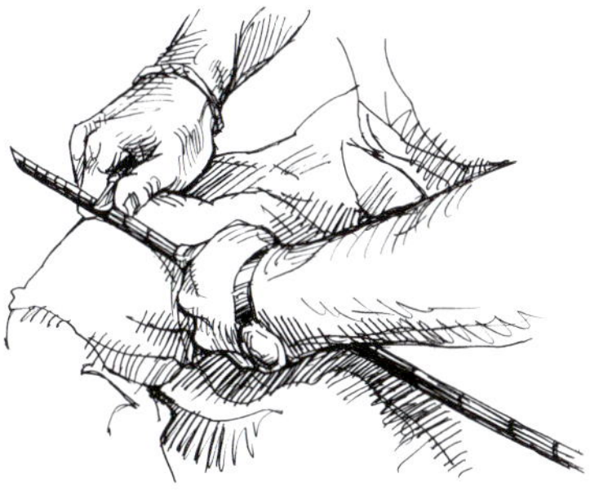

Der Knauf

Spalte ein vierkantiges Stück Holz zurecht, welches die gleichen Abmessungen hat, welche der Knauf bekommen soll. Lasse das Stück Holz ruhig doppelt so lang wie die Länge des Knaufes sein. Zum einen kann man damit auf rationelle Weise zwei Stück auf einmal herstellen, zum anderen kann man das Werkstück so besser festhalten. Ungefähr 15 cm sind passend. Schnitze das Holz glatt und quadratisch. Das macht man am besten auf einem Hobelpferd. Du kannst aber auch ein kleines Handbeil benutzen. Zeichne die Mittellinie auf alle Seiten. Achte darauf, dass alle Winkel genau 90 Grad haben. Es ist wichtig, die Enden rechtwinklig abzuschneiden.

Bohre mit einem Schlangenbohrer ein Loch in das Ende eines jeden Knaufs. Der Bohrer hat den gleichen Durchmesser wie der Zapfen auf dem Stock. Die Mittellinien sind Hilfslinien und dienen dazu, den Bohrer genau auszurichten. Zeichne die Form auf:

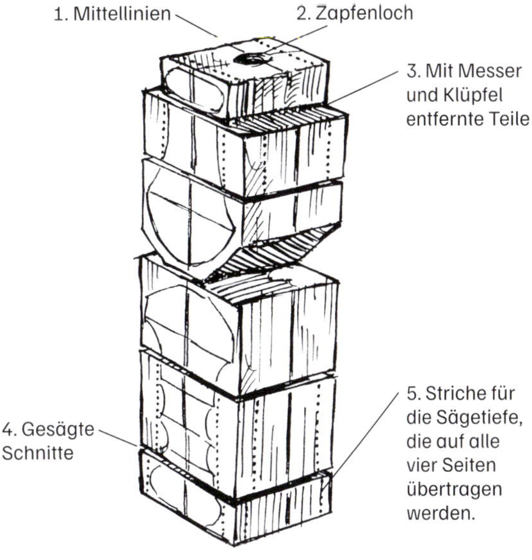

Ein Werkstück, bei dem mit dem Sägen und Abspalten bereits begonnen wurde.

Mache zuerst den Sägeschnitt an den vier Längsseiten. Zeichne aber eine Markierung für die Tiefe auf. Spalte das überflüssige Material systematisch mit Messer und Klüpfel ab. Nach einer ersten groben Behandlung kannst du weitere Einschnitte sägen, die das Schnitzen erleichtern.

Wenn die vierkantige Form fertig ist, macht man sie achtkantig. Schnitze danach den Knauf mit dem Messer in Form. Die Schnitzgriffe findest du im Kapitel „Knäufe und Verschlüsse" auf den Seiten 28–29.

Der Spazierstock aus Birke, Detail des Knaufs.

Gardinenstange mit Konsole

Mache die Knäufe genauso wie den Knauf für den Spazierstock. Für die Stange wird gerade gewachsene Birke, Eberesche oder Hasel verwendet. Schnitze die Stange achtkantig oder rund. Es ist schön, wenn sie in der Mitte ein wenig dicker sind. Achte im Wald auf schöne Holzstücke, die für die Konsolen geeignet sind. Die Konsolen für Gardinenstangen werden genauso gemacht wie Wandhaken. Verziere die Konsole und lasse dabei mit Farben und Verzierungen deiner Fantasie freien Lauf.

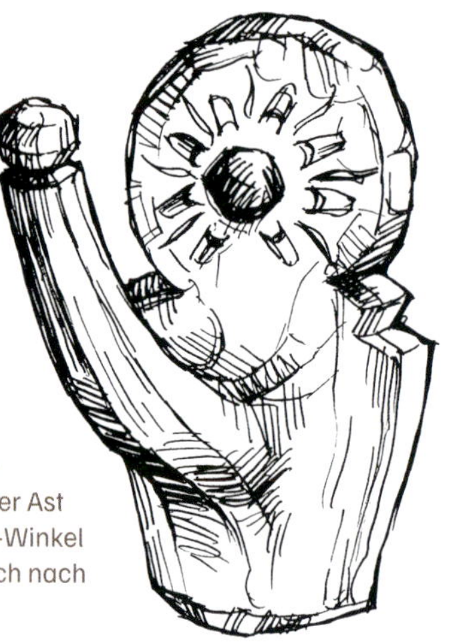

Die Konsole für die Gardinenstange. Der Ast wuchs im 90-Grad-Winkel heraus, bevor er sich nach oben bog

Gardinenstangenknäufe aus Birke. Spazierstöcke oder Rankstäbe für Blumen aus Birke und Weide. Gardinenstangenhalter aus einem Birkenstamm mit Ast.

Schalen und Tröge

Im Selbstversorgerhaushalt gab es viele verschiedene Tröge und behauene Schalen zum Backen, zur Fleischzubereitung, für die Verarbeitung von Milch und auch für vergorene Getränke. Diese wurden normalerweise aus einem frischen Teil eines Stammes hergestellt, welcher der Länge nach gespalten wurde. Ein halber Stamm, den man dann von der Kernseite aus aushöhlte. Die Wände am Hirnholz waren immer dreimal dicker als das Holz an den Seiten. So sollte verhindert werden, dass das Holz sich spaltete, wenn es Feuchtigkeit ausgesetzt war. Das ist eine clevere Lösung, die sich bis heute bewährt hat. Der Halbspaltling eines Stammes kann auch, wie in diesem Kapitel beschrieben, von der Rindenseite her bearbeitet werden. Das hat mir der legendäre Holzhandwerker Bengt Lidström beigebracht, der hübsche Vogelschalen hergestellt hat.

Werkzeug Hauklotz, Spaltmesser, Klüpfel, Beil, Hobelpferd, Ziehmesser, Dexel, Hobelbank, Schrupphobel, Schweifhobel, Japansäge, Schnitzmesser, Hohleisen (Bildhauereisen) 8 L/35, 9a/13, Lineal, Bleistift, Zollstock, Schraubzwinge, Kerbschnittmesser, Pinsel

Material Gerade gewachsene, astfreie Espe, Erle oder Birke, Holzleim, rohes kaltgepresstes Leinöl und Künstlerölfarbe.

Vorbereitung des Rohlings

Wähle ein gerade gewachsenes, astfreies Stück eines Stammes aus. Schneide ein Stück zurecht, das circa 10 cm länger ist als die Schale, die du herstellen möchtest. Spalte das Stück in einer Linie, die durch die Markröhre führt, und gehe dabei von einem Riss aus, der beim Fällen entstanden ist. Entferne 1 cm des jungen Holzes, das der Markröhre am nächsten liegt. Fluchte die planen Oberflächen ein.

Wenn du den Rohling von der Rindenseite her aushöhlen willst, beginne damit, die Kernseite plan zu machen, damit er stabil auf der Werkbank steht. Mache den Rohling im Hobelpferd eben oder bearbeite ihn mit dem Putzhobel auf der Hobelbank. Entferne die Rinde mit dem Ziehmesser.

Zeichne die Mittellinien auf. Diese helfen dir dabei, die Form der Schale zu kontrollieren. Ziehe die Li-

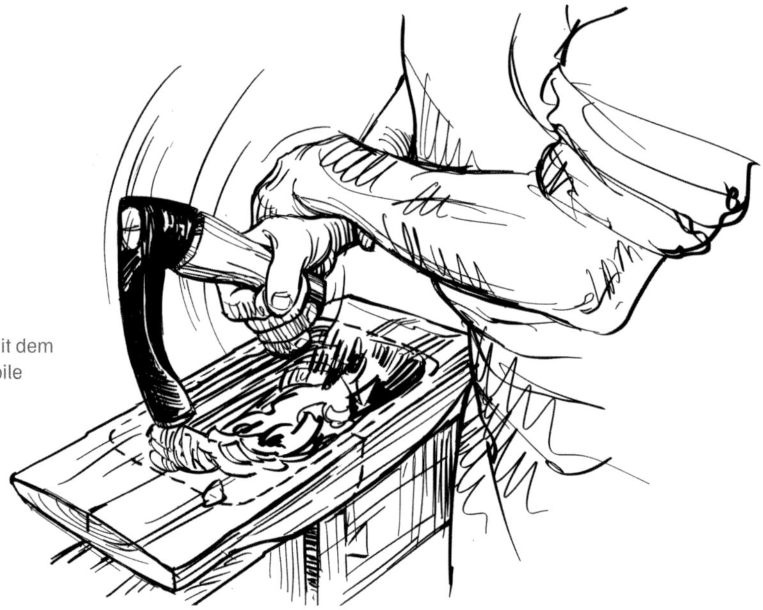

Das Aushöhlen von der Kernseite her mit dem Dexel. Festes Einspannen und eine stabile Haltung beim Arbeiten sind wichtig. Beachte die Mittellinien auf der Ober- und Längsseite.

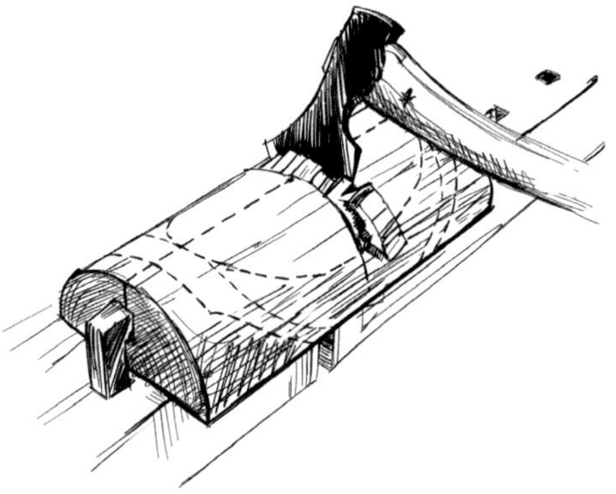

Rohling für eine Schale mit allen Markierungen zum Aushöhlen von der Rindenseite her. Das äußerste Material kann mit einem Beil grob herausgehauen werden, bevor der Dexel zur Anwendung kommt.

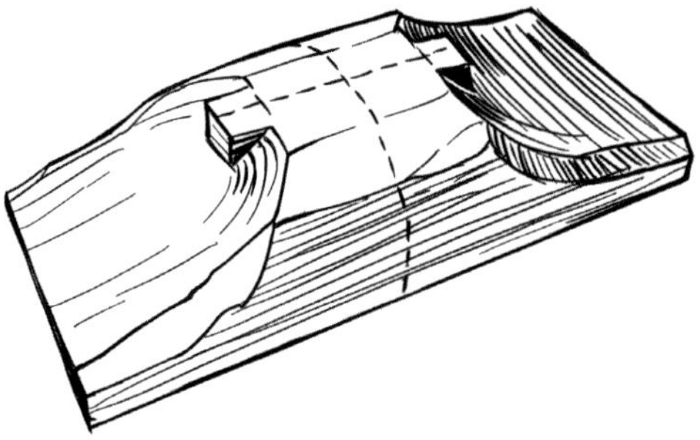

Absätze auf beiden Seiten des Bodens ergeben tief liegende Befestigungspunkte für das Versäubern der Innenseite. Diese werden nach dem inwendigen Versäubern und dem Glätten der Seitenwände abgesägt.

nien bis an die Kanten. Zeichne die innere ovale Form der Schale auf. Achte darauf, dass du 2–3 cm Materialreserve an beiden Enden hast, um kräftige Absätze zu erhalten, mit denen du das Werkstück in der Hobelbank festspannen kannst.

Höhle den Rohling aus, während er eingespannt ist und fest steht.

Um Material schnell zu entfernen, kannst du zunächst ein kleines Beil mit Messerschliff benutzen, um die oberste Schicht zu entfernen. Du kannst auch Sägeeinschnitte bis zur richtigen Tiefe mit der Bügelsäge machen. So lässt sich das Material leichter lösen.

Das Aushöhlen

Verwende einen Dexel, um das Werkstück auszuhöhlen. Der Dexel hat oft an der Außenseite eine Fase, die in Kombination mit dem kurzen Stiel beim Schneiden eine kreisförmige Bewegung ergibt. Einige Dexel haben die Fase aber an der Innenseite, sie müssen dann stärker gekröpft sein oder einen stark nach hinten gebogenen Stiel haben, um damit Schalen schnitzen zu können. Lege den Ellenbogen an den Körper. Lege die andere Hand um das Handgelenk, um den Schlag zu stabilisieren, damit du nicht versehentlich außerhalb der Linien landest. Halte den Dexel ganz oben am Stiel, schlage ihn ins Holz mit einer kräftigen Bewegung, die einem Peitschenschlag gleicht, und trage die Oberfläche ab.

Winkel den Dexel etwas an, wenn du die Abtragungen durch Behauen versäuberst. Gehe von der Mitte der Vertiefung aus und arbeite dich zu den Enden hin vor. Wende das Werkstück auf der Bank, wenn es dir zu schwierig ist, aus der anderen Richtung zu behauen. An den Längsseiten kannst du den Dexel zum Boden der Schale hin abwinkeln.

Du kannst auch mit einem Klüpfel und einem langen Hohleisen (8 L/35) arbeiten. Beginne damit in der Mitte der Schale. Es ist am Anfang am einfachsten, quer zur Faser zu schneiden. Aber als Endergebnis hat man dann keine schöne Oberfläche. Wenn du deine Schnitte sorgfältiger kontrollieren musst, setzt du die linke Hand knapp oberhalb der Schneide auf das Eisen und suchst als Stabilisierung oder Bremse mit dem Handballen Halt am Werkstück. Die Technik ist besonders gut am Boden anwendbar, wenn du in der Nähe des Querholzes schneidest, wo sich die Faserrichtung zur Schneide hin wendet. Schiebe das Eisen nach vorn, wobei du es mit der Hand am Schaft hältst und gegen den Brustkorb drückst. Schneide das Holz mit der Faser mit einem gleichmäßigen Druck auf die Fase, damit du lange, gleichmäßige Schnitte erhältst. (Siehe Bild Seite 79).

Die Schmalseiten der Schale sind dicker und schräg zum Boden geneigt, was bewirkt, dass die Fasern im Hirnholz länger und deshalb kräftiger werden.

Schnitze die Oberkante der Seitenwände glatt und gebe durch neues Aufzeichnen der Schale eine klare Form.

Kontrolliere die Höhe der Seiten und die Tiefe der Schale mit einem Lineal und einem Zollstock, indem du einmal zum Boden der Schale und einmal auch zur Werkbank hin misst und danach subtrahierst. Denke daran, dass du die Schale in trockenem Zustand versäuberst, um eine glattere Oberfläche zu erhalten. Die Fasern richten sich ein wenig auf, wenn sie getrocknet sind. Für eine 40 cm lange Schale schlage ich eine endgültige Stärke für den Boden und die Seiten von 8 mm im Längsholz und circa 15 – 20 mm im Hirnholz vor. Versäubere die an den Faserrichtungswechseln entstehenden Ausrisse vorsichtig im 90-Grad-Winkel zum Faserverlauf.

Das Behauen der Außenseite

Wenn du mit der Form der Ober- und Innenseite zufrieden bist, gehst du zur Außenseite über. Übertrage die Mittellinien auf die Außenseite, damit du bestimmen kannst, wie der Boden aussehen soll. Ertaste mit den Fingern, wo die Seiten anfangen. Zeichne Hilfslinien für den Boden und die Schrägen der Seiten auf.

Setze die Schale auf den Hauklotz und behaue die Außenseite mit dem Schnitzbeil. Wenn dies zum Holz hin eine breitere Fase hat, die es beim Schlag stützt, kannst du lange Fasen herstellen. Fase die Ecken auf beiden Seiten an. Behaue dann die Oberfläche an den Enden der Schale. Wenn du dich selbst in eine Position bringst, in der du die Fase des Beils mit dem Auge lotrecht ausrichten kannst, ist es leichter, die Form zu sehen.

Glätte die Außenseite mit dem Ziehmesser auf dem Hobelpferd. In Abhängigkeit davon, welche Form die Schale hat, kann es schwierig sein, sie im Hobelpferd festzuspannen. Nutze den Brustkorb zum Stoppen, und halte das Ziehmesser zur besseren Kontrolle und Sicherheit schräg. Hat das Hobelpferd einen Falz an der Brücke, kannst du dich daran abstützen und das Ziehmesser von dir weg bewegen.

Lasse die Form entstehen und kontrolliere zwischenzeitlich die Stärke der Wände zwischen Daumen und Zeigefinger. Verfeinere die Form und die Oberkante mit dem Schweifhobel.

Um auf das Feinschnitzen und Versäubern vorbereitet zu sein, wenn die Schale trocken ist und du der Innenseite die endgültige Form geben willst, ist es sinnvoll, an den Oberseiten der Enden etwas Material stehen zu lassen, um das Festspannen in der Hobelbank zu erleichtern.

Manchmal ist es notwendig, auf beiden Seiten des Bodens zwei Absätze zu machen, um an der Unterseite Befestigungspunkte zu erhalten. Eine andere Methode ist es, die Schale mit Schraubzwingen zu verspannen. Es kann notwendig werden, unterschiedliche Radien bei den Hohleisen zu verwenden, um die Form zu bekommen, die du erzielen willst. Machst du kleinere Schalen, kann man vorzüglich Hakenmesser zum Versäubern benutzen.

Um eine Borte mit Ornamenten auf die Seiten zu schnitzen, lässt du bereits während des groben Formens Material stehen.

Versiegele das gesamte Hirnholz mit Leim, um Rissbildung zu vermeiden. Wickle die Schale in ein Tuch und lasse sie langsam in einem kalten und trockenen Raum einige Wochen trocknen. Wenn die Schale getrocknet ist, hat sich die Form verändert. Die langen, tangentialen Jahresringe haben sich mehr zusammengezogen als die kurzen, radialen. Du musst genügend Material stehen gelassen haben, um die Form und den Boden exakt anpassen zu können, damit die Schale einen guten Stand hat.

Versäubere und behandle alle Oberflächen.

Becher in Schrumpftechnik

Einen Behälter mit eingeschrumpftem Boden herzustellen ist relativ einfach und macht Spaß. Innerhalb weniger Stunden machst du deinen persönlichen Becher aus einem frischen Holzstamm. Der Stamm wird mit einem Zimmermannsbohrer aufgebohrt. Danach wird ein bereits getrockneter Boden in eine Nut eingelassen. Nach einigen Tagen ist der röhrenförmige Korpus geschrumpft und hat den Boden dabei fest umschlossen. Der Deckel ist komplizierter, aber eine schöne Herausforderung.

In unserer reichen Handwerkstradition hat man mit dieser Technik Eimer, Kübel, Wasserleitungsrohre, Branntweinfässchen und Futterale für Psalmbücher hergestellt. Es gibt auch Beispiele für Gegenstände, die aus ausgehöhlten Baumstämmen gemacht wurden wie Särge, Reisekoffer und Behälter, die auch „fördspann“ genannt wurden und in denen Reiseproviant mitgenommen wurde.

Der Berater für bäuerliches Kunsthandwerk, Knut Östgård, hat die Dose in Schrumpftechnik als ein interessantes Arbeitsobjekt entdeckt. Er schlägt eine Menge Nutzungsmöglichkeiten vor: Teedosen, Futterale für Schreibgeräte oder Mobiltelefone und Aufbewahrungen für Visitenkarten – ja, es gibt viele Möglichkeiten.

Ein Buchfutteral in Schrumpftechnik mit Einschubdeckel.

Werkzeug Beil, Ziehmesser, Schweifhobel, Zimmermannsbohrer, Bohrer, Messer, Geißfuß, Spaltmesser, Klüpfel, Japansäge, Hakenmesser.

Der Rohling Wähle ein Stück Laubholz, das eine ganz ebene und schöne Rinde hat und vollständig astfrei ist. Der Durchmesser muss um 20 Prozent größer sein als der fertige Becher. Schneide ein Stück zu, welches mindestens die doppelte Länge des Behälters hat. Spalte am unteren Ende von zwei Seiten Holz flach ab, so dass das Arbeitsstück im Hobelpferd, Schraubstock oder auf der Hobelbank sicher befestigt werden kann. Entferne die Rinde und stelle mit dem Ziehmesser oder dem Schweifhobel eine schöne glatte Oberfläche her. In einem Hobelpferd spannt man das Werkstück mit einem Fuß fest und bohrt mit Hilfe eines Zimmermannsbohrers ein Loch in das Zentrum des Stammes. Achte darauf, dass du von Anfang an gerade bohrst. Ein Freund oder ein Spiegel, die den Lauf des Bohrers von der Seite sehen oder zeigen, können eine große Hilfe sein, wenn man in dieser Arbeit nicht geübt ist. Schneide das überschüssige Ende ab, wenn du den Becher tief genug ausgebohrt hast.

Das Bohren mit dem Zimmermannsbohrer.

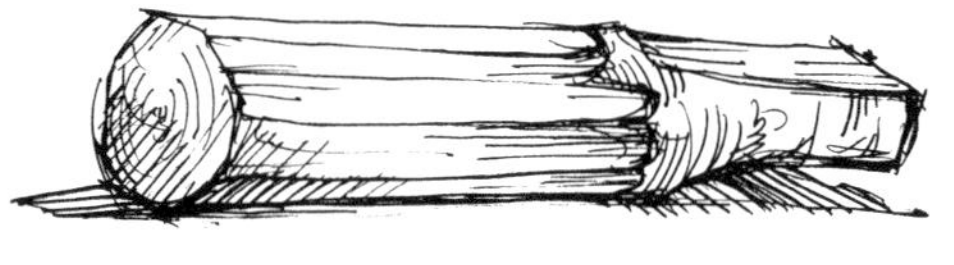

Das Werkstück für den Becher in Schrumpftechnik wurde für das Bohren vorbereitet.

Das Schnitzen der Röhre

Schnitze die Wände des Behälters von der Innenseite her. Die Stärke der Wand sollte für kleinere Behälter 5–6 mm betragen, für größere 7–9 mm. Die Klinge des Messers sollte nicht zu breit sein. Etwa 10–13 mm sind geeignet, sonst macht das Messer Kerben, anstatt zu schälen. Du kannst auch ein Hakenmesser benutzen. Das ist für den Anfänger einfacher und entfernt das Holz etwas gröber. Nach der Behandlung mit dem Hakenmesser wird zum Schluss die Oberfläche mit dem Schnitzmesser geglättet.

Mache die Wände gleichmäßig dick. Dann ist das Risiko, dass ungleichmäßige Spannungen auftreten, geringer. Auch das Risiko, ein Loch in die Wand zu schneiden, wenn die Rille oder Nut für den Boden gemacht wird, ist dann nicht so hoch. Innerhalb des Bechers ist die Rundung des Messers an der Spitze zur Mitte hin gut anwendbar. Es gibt zwei Grundgriffe:

1. Drücke die Schneide schräg gegen den Daumen in das Holz, wobei du gleichzeitig nach unten gegen die Fase drückst. Stelle das Messer mit dem Griff nach hinten etwas schräg, um einen besseren Schnittwinkel zu erreichen und eine glatte Oberfläche zu erzielen.

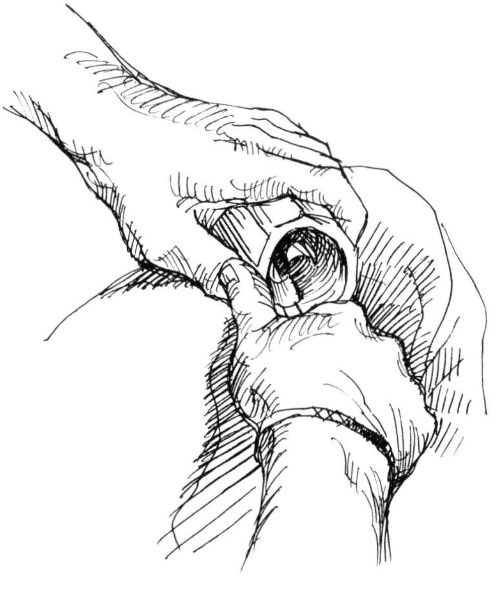

2. Nimm den Behälter in die Hand und lege diesen auf den Oberschenkel. Drücke das Messer von dir weg, während du gleichzeitig das Handgelenk der messerführenden Hand nach oben drehst. Drehe gleichzeitig den Behälter in die entgegengesetzte Richtung. Drücke den Rücken der Messerklinge gegen die Wand des Behälters, um Schneide und die Fase beim Schnitzen zu unterstützen.

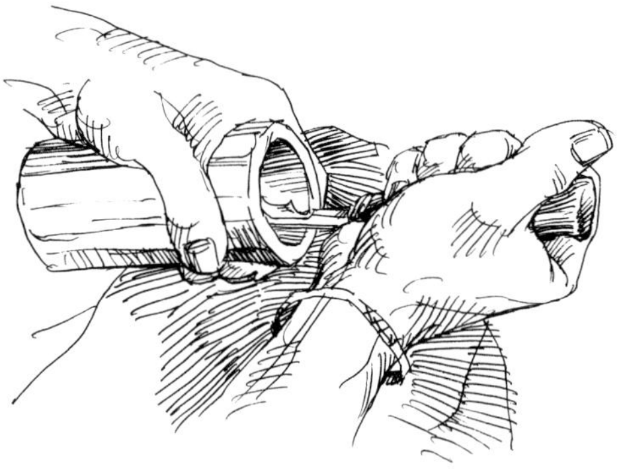

Das untere Ende des Behälters bearbeitest du so, dass er gerade steht. Schnitze eine leicht geneigte Fase vom Boden aus gesehen auf der Innenseite der Wand. Abhängig von der Methode, die du für die Herstellung der Rille oder Nut zum Einschrumpfen des Bodens wählst, reißt oder zeichnest du sie mit einem Bleistift 15 mm oberhalb der Unterkante an. Benutze dabei die Hand und einen Bleistift, wobei die Finger auf der Kante aufliegen, so dass du ein natürliches Streichmaß erhältst.

Rille oder Nut Die Nut kann auf unterschiedliche Art mit verschiedenen Werkzeugen angefertigt werden. Das geht mit der Messerspitze ausgezeichnet, benötigt aber Übung. Benutze zuerst ein Streichmaß anstelle des Bleistifts. Der Riss gibt der Messerspitze eine Führung. Mit der Messerspitze werden zwei etwa 3 mm tiefe Schnitte angelegt. Entferne das Holz zwischen den Schnitten mit der Messerspitze.

Die Rille (Nut) wird mit der Spitze des Schnitzmessers...

Diese Verbindungsmethode ergibt eine dichtere Fuge. Du kannst aber auch einen gebogenen Geißfuß mit 90-Grad-Winkel (im Pfeil System hat er die Bezeichnung 14a/10) für die Nut verwenden. Halte den Geißfuß fest und lege ihn auf der Unterkante des Behälters auf. Schneide vorsichtig der Linie folgend eine v-förmige Spur bis zur Hälfte der Wandstärke. Wackle vorsichtig mit dem Eisen, wenn es im Holz festsitzen sollte.

Bei der Nut und der Einpassung des Bodens musst du sehr sorgfältig und geduldig sein. Erwarte beim ersten Mal kein sehr gutes Resultat.

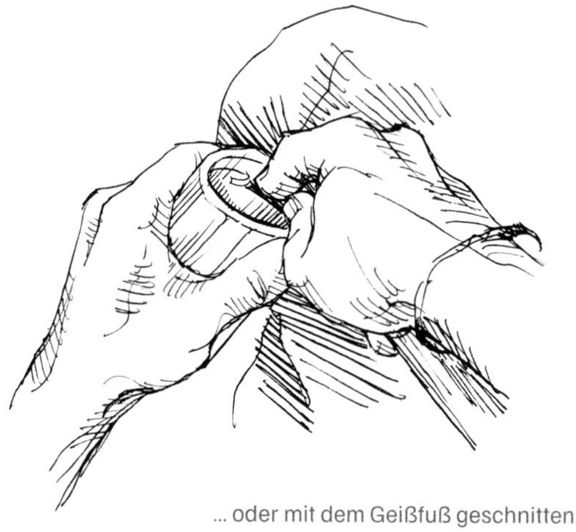

... oder mit dem Geißfuß geschnitten.

Boden

Spalte einen 5–6 mm dicken Boden aus einem trockenen(!) und gerade gewachsenem Stück Holz. Das geht am leichtesten mit Spaltmesser und Klüpfel. Belasse den Rohling etwa in der dreifachen Länge des Durchmessers des Bodens, dann kannst du ihn leicht einspannen und in der Hand halten. Glätte die Oberfläche so, dass du eine Endstärke von 4–5 mm erhältst. Übertrage die innere Form des Behälters mit einem spitzen Bleistift auf das Holz. Mache Markierungen sowohl auf der Röhre als auch auf dem Boden, so dass du den Boden immer in der exakt gleichen Position einpassen kannst. Säge überflüssiges Holz ab. Schnitze die Kante exakt im 90-Grad-Winkel zur Bodenfläche, und zwar so, dass nur der Bleistiftstrich stehen bleibt. Wenn du den Geißfuß zur Herstellung der Nut benutzt hast, so fase die Kanten des Bodens im 45-Grad-Winkel von beiden Seiten an. Ziehe in der Mitte eine Hilfslinie. So ist es leichter, beide Seiten gleichmäßig anzufasen.

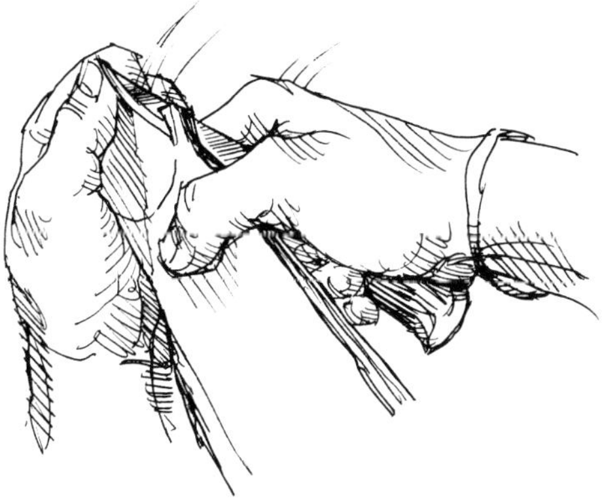

Der Dosenöffnergriff bewirkt, dass du die Linien, an denen du entlang schneidest, gut sehen kannst.

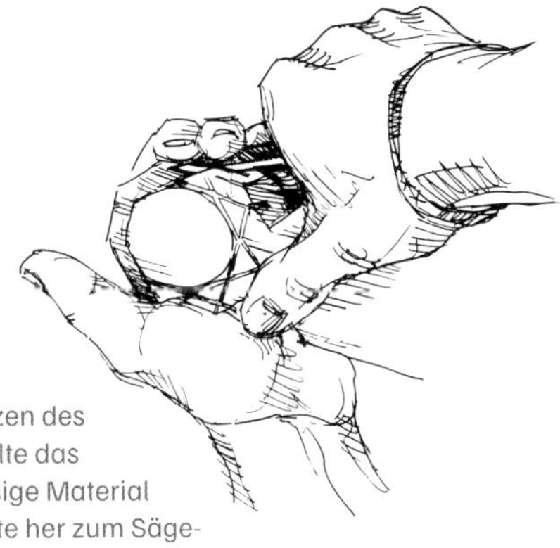

Das Schnitzen des Falzes. Spalte das überschüssige Material von der Seite her zum Sägeschnitt hin ab. Schnitze danach den Falz entlang des Aufrisses glatt und eben. Passe den Deckel vorsichtig ein. Justiere, bis der Deckel fest auf dem Behälter sitzt.

Der Dosenöffnergriff ist ein guter Griff, um einer Linie exakt folgen zu können, wie zum Beispiel beim Schnitzen des Bodens für den Behälter in Schrumpftechnik. Halte den Messergriff in der Nähe der Klinge zwischen den Fingern. Drücke so gegen den Daumen, der auf dem Holz aufliegt. Schiebe die Messerspitze nach oben, so dass die Fase von der Spitze in einem Halbkreis zum Griff gleitet. Der Zeigefinger bleibt auf der Unterseite des Werkstücks und bildet einen natürlichen Stopper. Schiebe den Daumen weiter, während du dich nach und nach im Holz voran arbeitest.

Schnitze vom Boden aus gesehen eine leicht geneigte Fase an der Innenseite der Wand der Dose. Passe den Boden mit dem Hirnholz zuerst ein, sonst spaltet er sich leicht längs in Faserrichtung. Achte darauf, dass der Boden sich auf der richtigen Höhe in der Nut befindet. Wenn er dann an Ort und Stelle ist, muss der Behälter einige Tage trocknen. Während des Schrumpfungsprozesses sind kleine Spalten natürlich, aber normalerweise verschwinden diese, wenn der Behälter im Durchmesser schrumpft und der Boden in die Nut hineingepresst wird. Wenn der Behälter trocken ist, wird die Oberfläche noch mit einem richtig scharfen Messer versäubert, um dem Holz seinen Glanz zu geben und damit du kein Schleifpapier verwenden musst.

Deckel

Die Form des Deckels kann nach Vorliebe, Geschmack und dem Werkstück selbst variieren. Hier machen wir einen gewölbten Deckel mit Falz und Knauf. Es dauert eine ganze Weile, um dem Deckel eine gute Passform zu geben, da man die Innenseite der Dose nicht auf den Deckel übertragen kann.

Spalte ein passendes Stück Holz zurecht. Die Stärke sollte zwischen 15 und 30 mm betragen. Mache das Holzstück länger, um es gut einspannen und festhalten zu können. Die Unterseite des Deckels machst du mit dem Zieh- oder Schnitzmesser plan. Stelle die Öffnung des Behälters auf das Werkstück für den Deckel und übertrage die Außenseite. Mache die Markierungen sowohl auf den Behälter als auch auf den Deckel, damit du siehst, wie der Deckel sitzen soll. Gib 4 mm für den überstehenden Falz hinzu. Säge die Form achtkantig aus. Hast du eine Laubsäge zur Verfügung, kannst du die Form auch direkt zuschneiden. Schnitze die Form mit dem Messer entlang der Kanten zurecht.

Miss die Stärke der Wände, und zeichne eine neue Linie, die so genannte Falzlinie, welche der inneren Wand entspricht.

Zeichne eine Linie für die Tiefe des Falzes, eine so genannte Tiefenlinie. Der Falz sollte 6–7 mm tief sein. Schneide das Holz nun zum Beispiel mit einer Japansäge bis zur Tiefenlinie ein. Lege den Daumen der anderen Hand gegen das Sägeblatt, so dass du exakt an der Falzlinie entlang sägen kannst. Säge achtkantig (siehe Bild oben rechts).

Das Aushöhlen mit dem Hakenmesser.

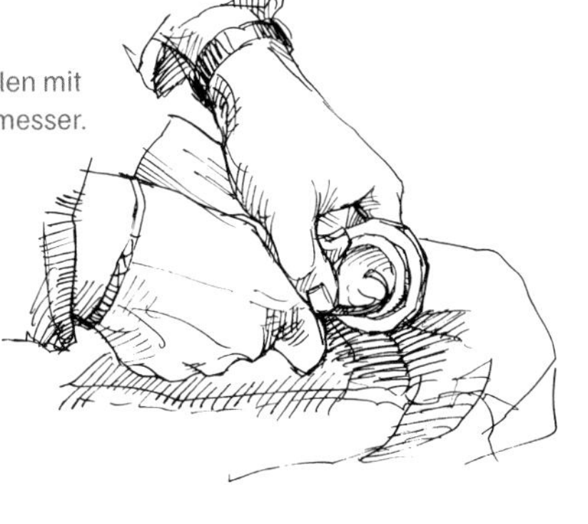

Forme die Oberseite des Deckels mit dem Ziehmesser im Hobelpferd oder mit einem Messer. Denke daran, dass der Deckel an den Kanten nicht zu dünn werden darf. Das Teilstück zum Festhalten hilft dir auch beim Einspannen.

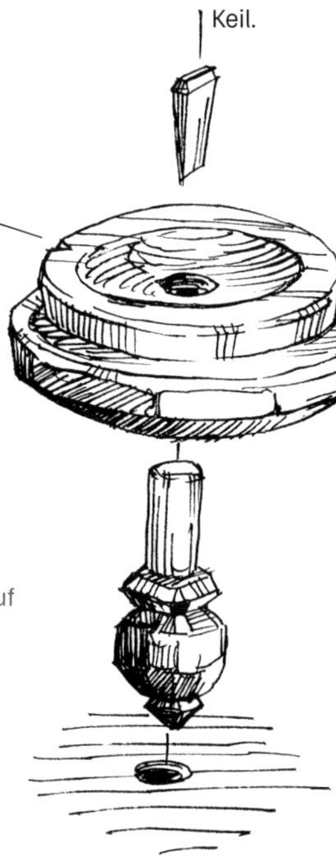

Denke daran, den Knauf in eine Platte, die ein Loch mit Versenkung hat, zu stecken, damit der Knauf beim Verkeilen nicht beschädigt wird.

Zeichne 3 mm von der Falzlinie entfernt eine Linie, und höhle die Innenseite mit einem Hakenmesser aus. Schnitze vorsichtig. Bremse das Messer mit dem Daumen der zweiten Hand, damit nicht hässliche Scharten im quer verlaufenden Holz entstehen. Bohre ein 10-Millimeter-Loch für den Zapfen des Knaufs (ein Hobelpferd eignet sich auch gut zur Fixierung beim Bohren). Mache den Knauf. Stecke ihn rein und verkeile ihn. Die Anleitung zum Schnitzen und die Beschreibung findest du auf den Seiten 28–29.

Säge den Teil des Deckels ab, an dem du ihn die ganze Zeit festgehalten hast. Gib dem Deckel eine Feinbearbeitung, und bringe ihn in seine endgültige Form. Es ist günstig, die Kanten anzufasen, damit das Holz bei der Benutzung nicht ausfranst. Achte darauf, dass der Falz fest an der Unterkante an der Innenseite der Dose sitzt. Dazu schräge den Falz leicht an. Schneide eine Positionsmarkierung sowohl in den Deckel als auch in den Behälter.

Querschnitt durch Behälter und Deckel.

Schnitze ein zum Inhalt passendes Etikett, oder eine spannende Dekoration und bemale die Behälter dünn mit Leinölfarbe.

Geschrumpfte Behälter aus Esche und Birke: „Ah“, „Marmorbecher“, „Königin“, „Herztulpe“ mit Schiebedeckel. Zuckerstreuer.

Schneidebrett

Dieser Typ Schneidbrett wurde in seiner Funktion von norwegischen Schneidbrettern beeinflusst. Auf der Rückseite werden Verzierungen gemalt, die an der Wand nach vorn hängen. Zur Benutzung wird das Brett umgedreht, so dass die bemalte Seite nach unten kommt. Ein Schneidebrett wird starker Beanspruchung ausgesetzt. Es wird abwechselnd nass und trocken. Das Holz arbeitet ständig. Ein geleimtes Schneidebrett reißt früher oder später. Aber wenn du den äußersten Teil eines gerade gewachsenen Stammes verwendest und die tangentialen Jahresringe ungefähr die gleiche Länge haben, reißt es nicht so schnell und bekommt eine ideale, leicht gebogene Form.

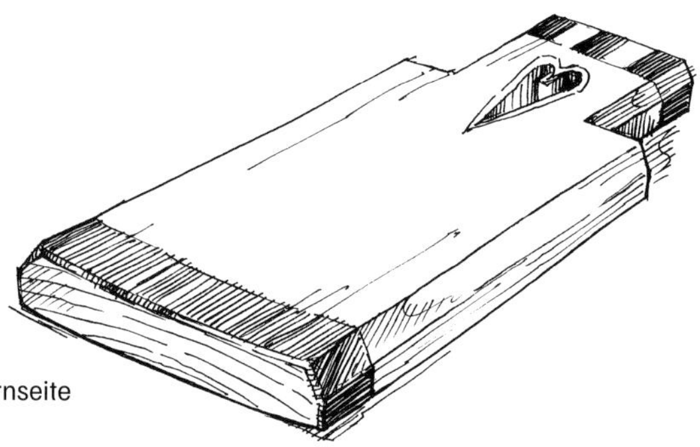

Kernseite

Die Außenseite des Holzes wird die verzierte Seite des Schneidebretts. Man schneidet auf der Kernseite des Holzes, die sich beim Trocknen wölbt, wodurch später Wasser ablaufen kann.

Grobe Bearbeitung mit dem Schnitzbeil

Werkzeug Säge, Beil, Keile, Bohrwinde, Bohrer, Putzhobel, Messer, Schrupphobel, Laubsäge, Ziehmesser, Kerbschnittmesser

Material Ein gerade gewachsenes Stück Birken- oder Schwarzerlenholz. Buche oder Spitzahorn sind härter und schwieriger zu bearbeiten, ergeben aber gute Schneidebretter. Achte darauf, dass das Holzstück nicht verdreht gewachsen ist.

Wenn du schon für einen Hockersitz Holz gespalten hast, hast du noch die Außenteile eines halben Klobens für Schneidebretter.

Die größeren Teile werden mit dem Beil entfernt. Schlage zunächst Kerben, dann geht es leichter. Glätte die Kernseite mit dem Ziehmesser auf dem Hobelpferd oder mit dem Schrupphobel auf der Hobelbank. Es darf nicht schief werden, dafür aber gleichmäßig dick und etwas gerundet. Streiche Holzleim auf das Hirnholz und lasse das Brett einige Wochen trocknen.

Bohre die Löcher für Aufhängung und Handgriff. Benutze dazu eine Bohrwinde und einen Schlangenbohrer. Wenn die Spitze soeben auf der Rückseite erscheint, höre auf zu bohren, wende das Holz und bohre von der anderen Seite. So werden Ausrisse an den Kanten vermieden. Möchtest du ein größeres Loch machen, so löse das Blatt einer Laubsäge, stecke es in das Loch, befestige es wieder an der Säge und säge die Form aus. Das Loch wird dann von innen mit dem Schnitzmesser geglättet.

Die Oberfläche wird mit einem Putzhobel versäubert. Man kann auch ein scharfes Ziehmesser benutzen. Beim Hobeln wirst du verstehen, warum die Auswahl von gerade gewachsenem und astfreiem Holz so eine große Bedeutung hat. Die Messlatte wird immer höher gelegt …

Arbeite mit Säge oder Beil die äußere Form heraus. Bearbeite das Hirnholz mit dem Schnitzmesser und dem Dosenöffnergriff (Seite 91). Die Kanten werden gründlich mit dem Messer angefast. Schneide Verzierungen mit dem Kerbschnittmesser ein, und male die Dekorseite, auf der nicht geschnitten wird, mit Leinölfarbe an. So wird es plötzlich etwas ganz besonderes, darauf Gemüse zu schneiden.

Nimm Schwung und schiebe den Hobel mit Beinen und Körper nach vorn. Eine gute Ergonomie macht das Resultat deutlich besser. Manchmal gibt es Scharten oder Splitter, wenn Holz quer verläuft. Dann musst du den Hobel hochnehmen und aus der anderen Richtung hobeln. Du kannst aber auch mit einem flachen Schnitzeisen versäubern.

Hocker

Es gibt eine einfache Methode, einen lange haltbaren Hocker herzustellen: Feuchtes Holz für den Sitz und knochentrockene Beine mit präziser Einpassung. Hier machen wir einen rechteckigen Sitz aus Kiefern-, Fichten- oder Birkenholz mit Beinen aus krumm gewachsenem Holz. Die Zapflöcher werden mit dem Zimmermannsbohrer handgebohrt. Augenmaß ist hierbei die halbe Miete und der korrekte Sitz die andere Hälfte.

Werkzeug Säge, Spaltaxt, Keile, Beil, Schrupphobel, Schnitzeisen, Bohrer, Ziehmesser, Schweifhobel, Schmiege, Hohleisen, Fäustel, Kerbschnittmesser, Zimmermannsbohrer oder Schlangenbohrer.

Material Wähle einen großen, gerade gewachsenen, astfreien Stamm von harter Holzqualität aus. Hier in Västerbotten, wo ich wohne, benutzen wir Birke, Espe, Kiefer oder Fichte. Der Hockersitz darf dafür am Ende etwas dicker sein, weil diese Holzarten nicht so hart sind wie Eiche, Esche, Ulme oder Ahorn. Die Holzteile für die Beine sollten aus hartem Laubholz sein, 30–45 mm Durchmesser haben und etwa 60–65 cm lang sein. Im Freien verrottet Birkenholz sehr leicht. Wähle statt dessen dann besser langsam gewachsene Stavar-Fichte mit engen Jahresringen. Diese hat auch einen hohen Harzanteil, der vor Fäulnis schützt. Wenn du dein Holz ausgewählt hast, musst du Rinde und Borke sofort entfernen. Der Sitz wird aus einem rohen, gerade gewachsenen Stamm herausgespalten, der einen Durchmesser von 25–40 cm haben sollte, ganz abhängig davon, wie breit die Sitzfläche sein soll. Schneide den Stamm wenigstens 20 cm länger als der Hocker breit werden soll. Dann kann man später noch die Trocknungsrisse absägen. 65–70 cm sind ein geeignetes Maß.

Der Sitz

Die rohe Form arbeitest du mit dem Beil heraus. Versiegele das Hirnholz mit Leim, und lege Zeitungspapier darauf, um Rissbildungen zu vermeiden. Hoble die Sitzoberfläche mit einem Schrupphobel, oder bearbeite diese mit einem Bildhauereisen, bis die Oberfläche ihre grobe Form hat.

Hocker aus Birke, „Bowling“ und „Knapp“.

Stemme dich mit einem Fuß gegen den Boden, und schiebe das Bildhauereisen nach vorn. Bremse das Eisen mit der einen Hand, wobei du gleichzeitig das Handgelenk gegen den Gegenstand drückst. So hast du die beste Kontrolle über das Eisen und kannst kraftvoll arbeiten, ohne mit dem Eisen abzurutschen.

Lasse noch an den Stellen, wo die Beine sitzen werden, 5 mm zusätzliches Material stehen, da der Bohrer Späne ausreißen wird. Die Stärke der Sitzfläche muss an den Stellen, wo die Beine befestigt werden, mindestens 4 cm betragen. Die Feuchtigkeit des Sitzes muss bei etwa 18 Prozent liegen. Das bedeutet, dass er im Freien oder in einem kühlen Kellerraum mindestens ein halbes Jahr ruhen muss, bevor die Beine eingelassen werden. Wenn der Sitz zu nass ist, können die Zapfen so weit aufquellen, dass das Holz komprimiert wird. Wenn es dann später trocknet, wird die Verbindung nicht perfekt. Die Haltung bei der Arbeit mit dem Bildhauereisen ist am effektivsten, wenn die Handfläche hinter dem Griff liegt und der Brustkorb mit nach vorn drückt.

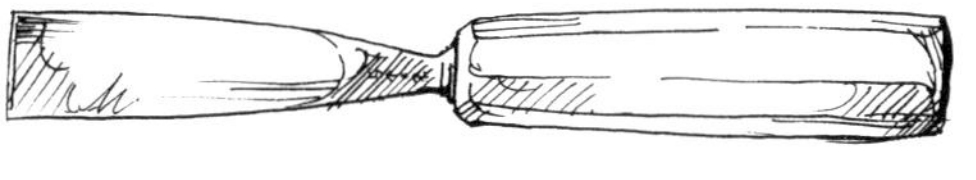

Bildhauereisen. Es wird auch gerades Hohleisen genannt. Die Bezeichnung für ein gutes Eisen, mit dem Oberflächen schön geglättet werden können, ist 5/30. 5 steht für den Radius und 30 für die Breite.

Beine

Am besten ist es, vier Beine aus einem größeren Stamm herauszuspalten, so dass die Länge der Jahresringe nicht ein zu großes Schwinden oder Quellen der Zapfen verursacht. Manchmal aber benutze ich aus ästhetischen Gründen krumm gewachsenes Rundholz für die Beine, damit die Abmessungen sofort stimmen; das geht schneller. Dann muss ich allerdings beim Einpassen der Zapfen in die Zapflöcher sehr sorgfältig sein und die Beine bis auf eine Restfeuchtigkeit von 4 Prozent trocknen lassen, bevor ich den Hocker zusammenfüge.

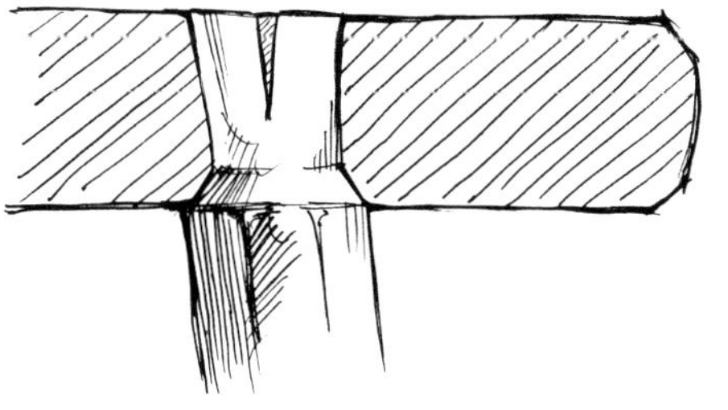

Querschnitt eines Zapfens mit Kragen. Dieser verhindert, dass das Bein durch den Sitz rutscht. Die Zapfen werden von oben verkeilt und halten so die Beine.

Die Zapfen

Mache die Beine achtkantig. So tritt die Form leichter hervor. Bohre zunächst ein Testloch mit dem Schlangen- oder Zimmermannsbohrer, den du später benutzen willst, in ein trockenes Holzstück. Die Größe des Bohrers ergibt sich aus dem Durchmesser der Zapfen. 26–32 mm sind passend. Fertige die Zapfen mindestens 4 mm kleiner an als der Durchmesser der Beine beträgt. Schnitze die Zapfen mit dem Ziehmesser und dem Schweifhobel quadratisch und gleichmäßig dick, so dass der Durchmesser 1 mm mehr beträgt als das Loch. Die Zapfen müssen 1–2 cm länger sein als der Sitz dick ist. Danach werden sie achtkantig zugerichtet, und sei sorgfältig, damit sie alle gleich dick werden. Fase die Kanten an, und schlage die Beine dann in das Testloch. Die Zapfen sollte man bis zur Hälfte der Länge in ein Testloch einschlagen können. Man sieht am komprimierten Holz deutlich die Stärke der Zapfen. Es ist sehr wichtig, dass die Zapfen nicht konisch werden, denn dann reißt die Sitzfläche.

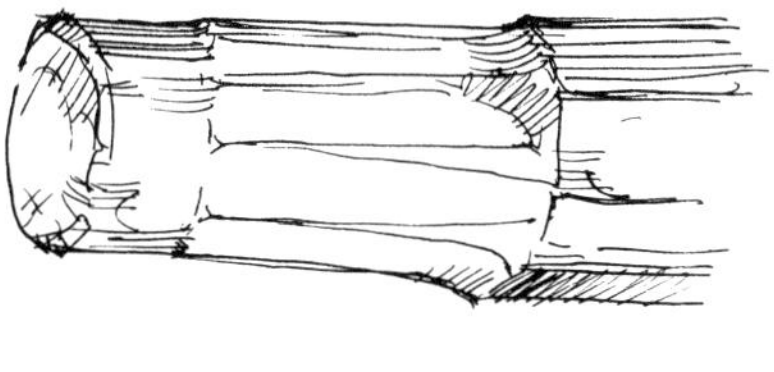

Das komprimierte Holz an der Spitze gibt den exakten Durchmesser für den Zapfen an. Nach diesem Maß wird der Rest des Zapfens rund geschnitzt.

Das Bohren der Löcher

Damit der Sitz nicht reißt, dürfen die Löcher nicht zu nah am Hirnholz gebohrt werden. 7–8 cm Abstand sollten es sein. Vergiss nicht, dass du später noch 5–10 cm der Sitzfläche abschneiden wirst, um eventuelle Risse zu entfernen.

Die richtigen Winkel Benutze eine Schmiege, um die Löcher für die Beine im richtigen Winkel zu bohren. Um gleiche Winkel zu erhalten, kann man Hilfslinien auf den Sitz zeichnen. Bocke die Sitzfläche so hoch auf, dass du die Beine des Hockers darunter bekommst. Schau dir an, wie die Beine gebogen sind, falls du krumm gewachsenes Holz verwendet hast, und richte diese so lange aus, bis es gut aussieht.

Lasse dir von jemandem beim Einstellen dieser zwei Winkel an der Schmiege helfen, während du selbst mit Augenmaß von der Seite fluchtest. Manchmal befestige ich die Schmiege auf einem dünnen Brett, damit sie nicht umfällt.

Bei Beinen aus krumm gewachsenem Holz musst du sehr sorgfältig sein. Du kannst einen kleinen Nagel in das Zentrum des Zapfens schlagen, den Kopf abkneifen und das Bein an der Unterseite des Sitzes damit festdrücken. Verkeile das Bein am Boden.

Stelle die Schmiege ein, wobei du aus zwei Richtungen die gemeinsamen Winkel suchst, die die Zapfen aus zwei unterschiedlichen Blickwinkeln haben. Einmal von vorn in die Ausstreckungsrichtung der Beine und 90 Grad seitwärts.

Jetzt braucht man Mut und Konzentration. Bohre die Löcher mit dem selben Zimmermannsbohrer, mit dem du auch die Versuchsbohrung gemacht hast. Wenn der Bohrer das Holz am Anfang des Loches etwas aufreißt, musst du die Fasern mit einem geraden Hohleisen abschneiden. Höre mit dem Bohren auf, wenn die Spitze auf der Rückseite soeben hindurchgeht, damit dort nicht zu viel Material ausgerissen wird. Bearbeite das Loch von der Rückseite her mit einem Schnitzmesser und mache eine Fase, die das Gegenstück zum Zapfenkragen des Beines bildet. Du kannst auch einen großen Schlangenbohrer und eine Bohrleier benutzen.

Anpassung des Kragens am Zapfen

Schlage das Bein mit einem Fäustel in die Sitzfläche. Aber fase die Enden der Zapfen und die Unterseite der Beine an, so dass beim Einschlagen keine Risse entstehen. Der Zapfen muss fest und präzise sitzen. Du darfst ihn mit bloßen Händen nicht mehr bewegen können.

Übertrage den Winkel der Sitzunterseite auf das Bein, um den Kragen des Zapfens anpassen zu können.

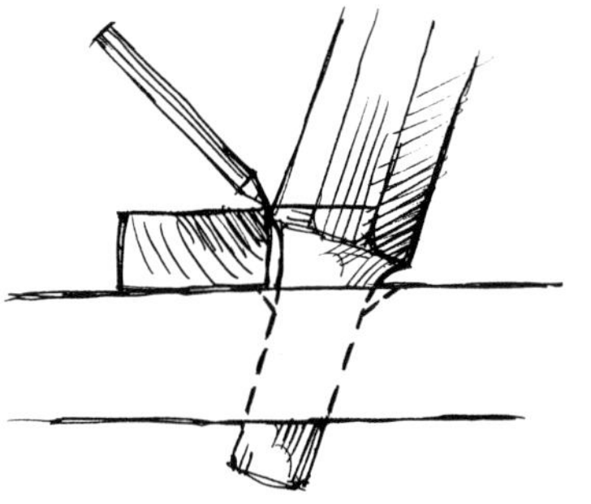

Nummeriere die Beine, damit du weißt, welches wo sitzt. Markiere auch die Lage der Zapfen im Sitz, bevor du diese wieder mit einem Rundholz von etwas kleineren Abmessungen ausschlägst.

Jetzt kannst du die Kragen der Zapfen an die Unterseite des Sitzes anpassen. Der Sitz muss rund um das Bein anliegen. Der Kragen muss einen mindestens 2–6 mm größeren Durchmesser haben als der Zapfen.

Die Befestigung und das Verkeilen der Beine

Spalte die Keile aus hartem Laubholz. Gehe auf Seite 32 zurück. Dort siehst du, wie die wichtigen Keile gemacht werden. Mache eine Vormarkierung in den Zapfen mit dem Messer oder Stemmeisen im 90-Grad-Winkel quer zur Faserrichtung des Hockersitzes. Verleime den Zapfen und schlage ihn in den Sitz ein. Säge den Zapfen bündig mit der Oberseite des Hockersitzes ab. Stelle das Bein lotrecht und achte darauf, dass es fest auf dem Boden steht und nicht klappert. Gib einen kleinen Klecks Holzleim auf den Keil, und schlage ihn ein, bis es nicht mehr weitergeht. Schneide eine Kerbe in beide Seiten des Keils und brich ihn ab. Versäubere die Enden der Zapfen mit einem Bildhauereisen. Lasse den Hocker zwei Monate trocknen, am besten kühl, aber auf jeden

Fall luftig. Kürze, wenn der Hockersitz trocken ist, die seitlichen Überstände ein, die wegen eventueller Rissbildungen stehen gelassen wurden. Zum Schluss bearbeite alle Oberflächen sorgfältig mit den Schnitzwerkzeugen.

Jetzt haben wir Zeit für Feinarbeiten. Fase die Kanten und Ecken an. Jetzt gib dem Hocker das gewisse Etwas: Eine Verzierung oder einen Namen mit Jahreszahl. Das gibt deinem Hocker eine persönliche Note.

Die Höheneinstellung

Die Höhe wird auf einer ebenen Oberfläche justiert. Vermesse die Höhe und lege Münzen unter die Beine, so dass die Sitzoberfläche in allen vier Ecken gleichmäßig hoch ist.

Fertige dir ein ebenes Holzstück an, das die selbe Stärke wie der größte Abstand zwischen Boden und Bein hat. Zeichne rund um die Beine herum an, und richte dich nach den aufgezeichneten Linien.

Geschnitzte Rillen, so genannte Hohlkehlen, auf der Sitzoberfläche.

Jetzt kannst du deinen Hocker dünn mit Leinölfarbe aus der Tube anmalen. Nach einer Trocknungszeit von einigen Tagen ist der Hocker soweit, dass man darauf sitzen kann.

Beispiele unterschiedlicher Kerbschnittborten. Einseitige Kerbschnitte verändern ihren Charakter abhängig davon, wie tief die Spitze geschnitten wird und wie die Borten im Verhältnis zueinander versetzt werden.

Kerbschnitt

Diese Technik heißt in Schweden „Skureut“ und ist dort eine ältere volkstümliche Bezeichnung für in Holz geschnittene Muster. Den Begriff „Skureut“ gab es im Dialekt in Härjedalen, Hälsingland und Jämtland. Als die strengen geometrischen Muster der Renaissance in das Handwerk eingingen, bekamen diese geschnittenen Ornamente die Bezeichnung „Karvsnitt“, was so viel wie „Kerbschnitt“ bedeutet. Bei Gegenständen der alten bäuerlichen Volkskunst passt der Begriff „Skureut“ wegen seines freien Volkskunstcharakters aber am besten.

Man findet weise Sinnsprüche, Kommentare zur Komplexität des Lebens, Signaturen, Namen, Daten und Jahreszahlen, die dann mit verschiedenen Mustern kombiniert wurden. Mit Gravuren, Kerbschnitten, dem fingernagelförmigen Nagelschnitt und Reliefschnitzereien werden deine Schnitzarbeiten einzigartig und persönlich. Es gibt reichlich Inspiration für Gegenstände in Heimatmuseen. Vergessene Schätze, die im Verborgenen leuchten.

Werkzeug Kerbschnittmesser, gerade Hohlmesser 9/5 und 3/14, Körner

Kerbschnittmesser. Svante Djärv stellt ein gutes Modell her. Schneidenwinkel 22 Grad. Das zweite ist ein Eigenbau aus einem alten Rasiermesser, welches eine scharfe Klinge aus Kohlenstoffstahl mit einem Schneidenwinkel von 12 Grad hat. Man kann damit nur weiches Holz schneiden.

Material Nimm am besten weichere Holzarten wie Linde, Erle, Weide oder Espe. Moor-Birke eignet sich aber auch ganz gut. Äste im Werkstück sind hart und schwierig zu schneiden.

Ich zeichne Muster und Dekore in ein Skizzenbuch. Oftmals werde ich von älteren Gegenständen inspiriert. Dabei empfindet man die naive Volkskunst als natürlich und selbstverständlich.

Das Dekor ist ein Teil des Ganzen

Wenn ich mit Holz arbeite, skizziere ich schnell und grob auf dem rohen Holz. Dadurch bekomme ich schnell ein Gefühl dafür, wie die dreidimensionale Form werden wird. Ich mache viele Prototypen, bevor ich mich für eine gute und funktionale Grundform entscheide. Die Dekore sollen als ein Teil in das Ganze eingehen und etwas Persönliches kommunizieren, was etwas hinzufügt und das Gefühl verstärkt, ohne zu überlagern und mit der Grundform zu konkurrieren. Deshalb skizziere ich viel und probiere verschiedene Varianten des Dekors aus, bevor ich mich entscheide.

Vier gute Grundregeln

Damit ein Dekor gelingt, gibt es neben dem Üben einige gute Grundregeln:

1. Ein richtig scharfes Kerbschnittmesser. Du musst es sorgfältigst abziehen und polieren. Der Nageltest: Lege die ersten Millimeter der Schneide rechtwinklig zum Fingernagel. Macht sie dort sofort eine Kerbe, ist die Schneide richtig scharf.
2. Eine starke Lampe, die schräg auf die Oberfläche leuchtet. Die Lampe erzeugt einen Schatteneffekt, der dir hilft, den ersten Schnitt besser zu sehen, wenn du mit dem zweiten Schnitt die Breite der Linie bestimmst.

3. Eine gute Arbeitstechnik ist wichtig. Die messerführende Hand wird im 45-Grad-Winkel schräg zum Holz und 45 Grad nach hinten gehalten. Daumen und Fingerknöchel drücken gegen das Holz und fixieren die Winkel.
4. Geduld und Ruhe ermöglichen eine gute Konzentration.

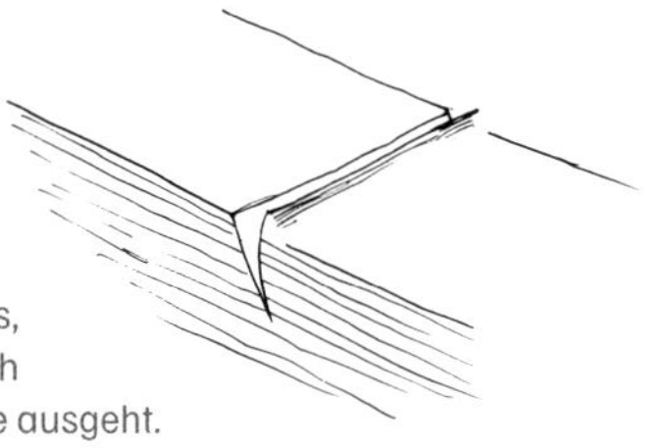

Der Schatteneffekt des ersten Schnittes, der von einer seitlich leuchtenden Lampe ausgeht.

Linien schneiden

Schneide grundsätzlich mit der Faserrichtung. Man kann in kurzfaserigen Holzarten wie Erle, Linde und Weide auch gegen die Faserrichtung schneiden. Aber bei runden Formen wie Kreisen und S-Kurven kann das Werkstück beim Schneiden gleichzeitig gedreht werden. Wenn du das Messer im 45-Grad-Winkel gegen dich hältst, schneidet es in der Oberkante zuerst, was das Ausreißen verhindert. Manchmal ist es notwendig, das Messer zu wenden und mit dem Daumen der anderen Hand zu drücken. Bei runden Schnitten kann das Werkstück gedreht werden, während man gleichzeitig schneidet. Mache eine große halbkreisförmige Bewegung mit dem Ellenbogen. Wenn diese Drehung an die Hand und das Messer weitergegeben wird, ergibt sich eine gleichmäßige Bewegung, die Scharten verhindert.

Schneide tief genug, so dass die Schnitte sich unten treffen. Es ist sehr schwierig, im Nachhinein Korrekturen vorzunehmen. Denke auch daran, dass das Holz zwischen nah aneinander liegenden Einschnitten leicht instabil wird. Untersuche daraufhin dein aufgezeichnetes Ornament, bevor du zum ersten Schnitt ansetzt. Dann setze den ersten Schnitt für die v-förmige Kerbe im richtigen Winkel an, so dass die dünne Zwischenwand zur zuvor angelegten Kerbe beim nächsten Schnitt nicht aussplittert.

Der Grundgriff zum Schneiden einer Linie. Der Daumen und die Fingerknöchel stützen sich auf dem Gegenstand ab, und die messerführende Hand wird im 45-Grad-Winkel gehalten. Dieser Griff ergibt immer gleiche Winkel, was das Schnitzen von Ornamenten erleichtert. Drücke kräftig nach unten, so dass sich die Einschnitte unten am Grund der Kerbe treffen. Übertrage auch von der Schulterpartie Kraft in das Holz. Am besten stützt du dich, um bei der Arbeit größere Stabilität zu erreichen, auf einem Knie ab.

Kerbschnitt

Der Kerbschnitt ist gemeinsam mit eingeschnittenen Linien die traditionellste Art Gegenstände zu verzieren. Der Kerbschnitt hat die Form eines Dreikants, der mit mehreren 90- oder 45-Grad-Schnitten hergestellt wurde. Ist die tiefste Versenkung im Zentrum, wird das dreiseitiger Kerbschnitt genannt. Der Dreikant kann mit verschiedenen Schenkellängen oder auch in einem Bogen angelegt werden. Legt man die Dreiecke rund in einem Kreis an, bilden sie eine Rosette.

Wenn das Dreieck in einer Ecke am tiefsten ist, nennt man es einen einseitigen Kerbschnitt. So erscheinen die zwei Seitenschnitte im 90-Grad-Winkel nicht anders als kräftige Schatten.

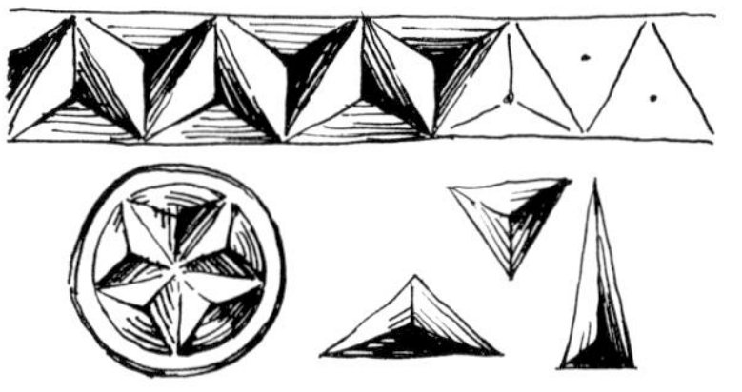

Verschiedene Beispiele des dreiseitigen Kerbschnitts.

Dreiseitiger Kerbschnitt Beginne damit die Fasern zu kappen, indem du im 90-Grad-Winkel vom Zentrum aus zu den Spitzen des Dreikants hin die Schneide in das Holz drückst. Die Spitze schneidet zum Zentrum hin am tiefsten und flacher zu den Spitzen des Dreikants hin. Löse die Späne zwischen den 90-Grad-Einschnitten mit dem Messer in der gleichen Tiefe und im gleichen Winkel wie die Einschnitte. So löst sich jeder Span leicht, und der Kerbschnitt wird sauber und schön.

Nagelschnitt

Dieser Schnitt hat die Form eines Fingernagels. Das Muster lässt sich leicht und schnell herstellen. Die Länge eines jeden Schnitts beträgt ungefähr 10 mm. Lasse zwischen den Borten einen unbearbeiteten Zwischenraum von 2 mm. Den Nagelschnitt fand man an Gegenständen vom Oseberg-Fund in Norwegen aus dem neunten Jahrhundert.

Nagelschnitt

Gerades Hohleisen 9/5. Die Ecken wurden rund geschliffen, damit das Schnitzen im Nagelschnitt besser funktioniert.

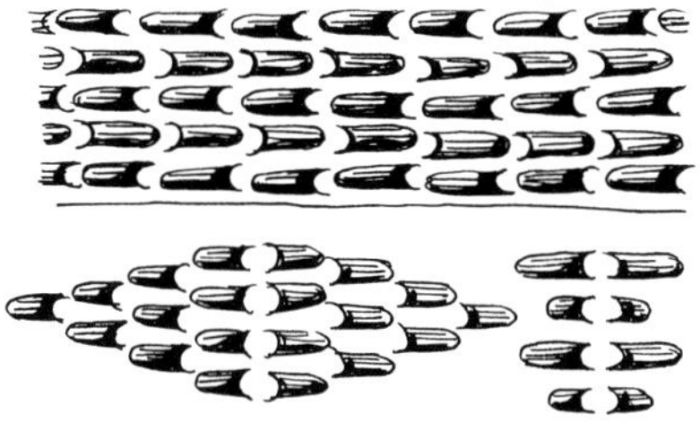

Variiere das Muster durch unterschiedliche Nagellängen. Mit verschiedenen Größen von Hohleisen kannst du auch die Breite der Ornamentborten verändern. Bedeckt man die ganze Oberfläche im Nagelschnitt, verleihen die höher liegenden Partien der Oberfläche den Ausdruck eines grafischen Ornaments.

Benutze ein gerades Hohleisen von PFEIL, Bezeichnung 9/5. Es wurde an den Kanten rund angeschliffen, um für den 90-Grad-Schnitt ausreichend tief schneiden zu können.

Der erste Schnitt an der Borte wird im 90-Grad-Winkel ausgeführt. Mache davon auf der Borte eine lange Reihe mit einem Abstand von 10–12 mm. Hebe dann die Nagelformen auf dem Rückweg aus. Halte das Hohleisen am Stahl in der Nähe der Schneide. Stütze dich gleichzeitig mit dem Daumen und dem Zeigefingerknöchel am Werkstück ab. Beginne im 90-Grad-Winkel zu schneiden, und lasse den Schnitt vorsichtig zur Schmalseite hin auslaufen.

Reliefschnitt

Eine kleine Fläche, die einige Millimeter in die Holzoberfläche versenkt wurde, bildet einen schönen Schatteneffekt für ein ausgespartes Dekor. Schneide zuerst die Außenkanten in die Platte hinein und dann, ausgehend vom inneren Reliefdekor, mit einem Kerbschnitzmesser im 45-Grad-Winkel. Benutze danach ein gerades Hohleisen 3/14, um den Hintergrund der Platte zu bearbeiten. Ein ausgespaltenes Werkstück hat einen geraden Faserverlauf, so dass du von zwei Seiten aus schneiden kannst. Wenn der Daumen der linken Hand das Eisen nach unten drückt, um die Reibung zu erhöhen, kannst du zur Kante hin abbremsen. Kleine Kerben oder Markierungen mit dem Körner, die auf den Boden der Platte gepunzt wurden, verstärken den Eindruck, dass das Dekor hervorsteht.

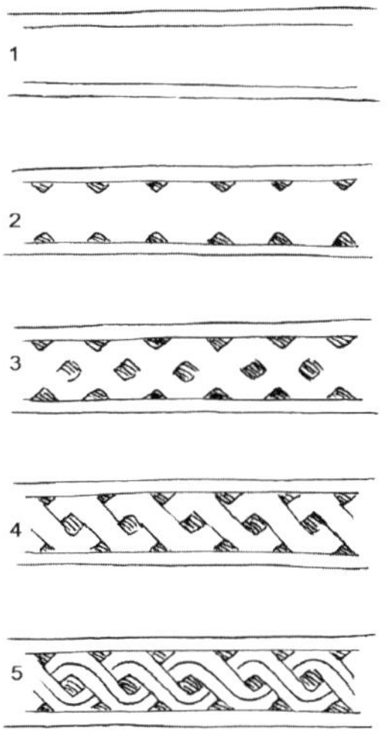

Die fünf Arbeitsschritte beim Aufzeichnen eines Bandgeflechtes.

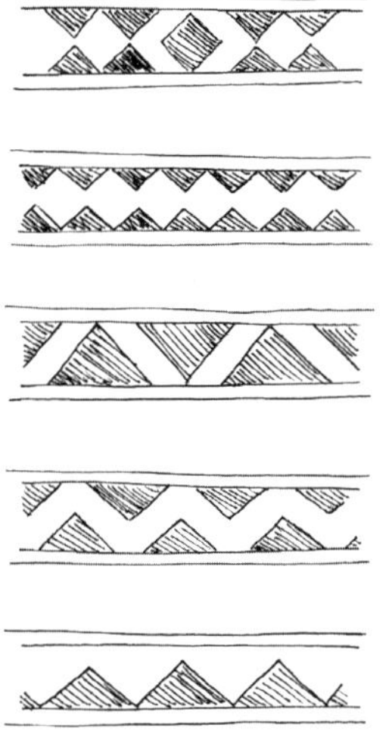

Verschiedene Vorschläge für unterschiedliche Typen von einseitigen oder dreiseitigen Kerbschnitten. Schon kleine Verschiebungen und Variationen machen einen großen Unterschied.

Buchstaben und Ziffern

Signaturen, Namen, Jahreszahlen, Daten, Sprichwörter oder Gedichte geben deinem geschnitzten Gegenstand eine persönliche Note. Die Buchstaben werden mit derselben Technik wie Linien und Kerbschnitte gemacht. Es hängt davon ab, wie breit oder tief man sie haben möchte. Studiere Schriftschnitte, die dir gefallen und im Holz machbar sind.

Buchstaben und Ziffern können auf unterschiedliche Weise abgeschlossen werden. Entweder kann man Spitzen machen oder aber auch Serifen mit Kerbschnittcharakter.

Weitere Techniken

Kohlrosing Bei dieser alten Technik presst man Kohle in geschnitzte Kerben. Dadurch, dass man mehrere dünne Kerben nahe beieinander in das Holz schneidet und diese danach mit Schwarzerlenrinde, Pigment oder Kaffeesatz einfärbt, kann man auf einfache Art ein hübsches Dekor erzielen.

Sgraffito Wenn du einen Gegenstand schneidest, der mit Leinölfarbe gestrichen wurde und getrocknet ist, tritt das Holz wieder hervor und gibt den gleichen Effekt wie bei der Muraltechnik Sgraffito. Dann ist es ein Leichtes, das Muster mit einer helleren Farbe zu versehen oder es im Holzton zu belassen.

Durchbrochene Dekore Bohre eine Anzahl Löcher dort in eine dünne Holzplatte oder den Handgriff einer Schöpfkelle, wo du ein durchbrochenes Dekor haben möchtest. Säge mit der Laubsäge die Form aus. Schnitze die Form passend zurecht und fase die Kanten mit einem schmalen und dünnen Messer an.

Ornamente zu schneiden, die eine lebendige Dynamik haben, erfordert Übung. Zeichne freihändig und trainiere das Gefühl für Proportionen, das Spiel der Linien und die Ausgewogenheit. Benutze niemals ein Lineal, das ist der Tod eines jeden Ornaments. Wenn du geschickt geworden bist und den unendlichen Variationsreichtum, den es in allen Ornamenttechniken gibt, nutzen kannst, wird es eine Herausforderung, bei der es Freude macht, den von dir angefertigten Gegenständen eine ganz persönliche Prägung zu geben.

SCHNITZGRIFFE

Kontrolle, Kraft und Sicherheit ergeben lange glatte Schnitte, die typisch für eine gelungen geschnitzte Oberfläche sind. Lass das Messer von der Nähe des Griffes bis hin zur Spitze oder umgekehrt durch das Holz gleiten. Man kann auch das Messer durch das Holz drücken, aber das ist zweifellos weniger effektiv. Zum Körper hin zu schnitzen ist sicher, wenn man einen gesicherten Griff mit verschiedenen Stopp-Punkten oder Sicherungen verwendet. Achte also darauf, dass du einen sicheren Punkt hast, an dem das Messer stoppt, wenn es aus dem Holz rutscht. Man erkennt schnell, ob sich ein Griff gefährlich anfühlt. Stimme deine Gliedmaßen und die Schnitzwinkel aufeinander ab, bis du weißt, wo der Punkt zum Stoppen liegt. Dann fühlt sich das Schnitzen sicher an. Spanne deine Gliedmaßen so intensiv wie möglich an, um bessere Kontrolle und Kraft zu erlangen. Je mehr Punkte die Hand zum Halt bekommt, desto mehr Kraft kannst du wagen in den Griff zu legen.

1 **Der Ellenbogengriff** (Elbow Grip)
Schnittrichtung: weg vom Körper
Position der Hand: Handfläche nach unten
Art des Schnittes: Material entfernen

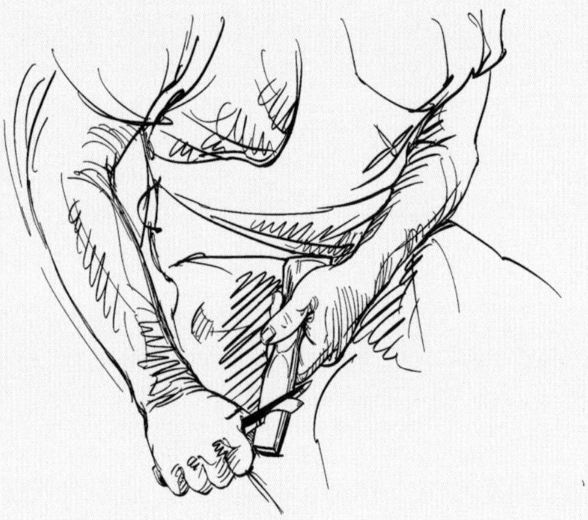

Halte das Messer in der Nähe der Klinge. Schnitze nach unten und drücke den Ellenbogen in einer gleichmäßigen und bestimmten Bewegung nach vorne, so dass das Messer vom Ende der Klinge bis zur Spitze gleitet. Die Fase, die am Holz anliegt, sollte sich darauf abstützen. Einer der üblichsten Griffe.

2 **Der Schultergriff** (Power Grip)
Schnittrichtung: weg vom Körper
Position der Hand: Handfläche nach unten
Art des Schnittes: kräftig Material entfernen, ähnlich wie Hobeln

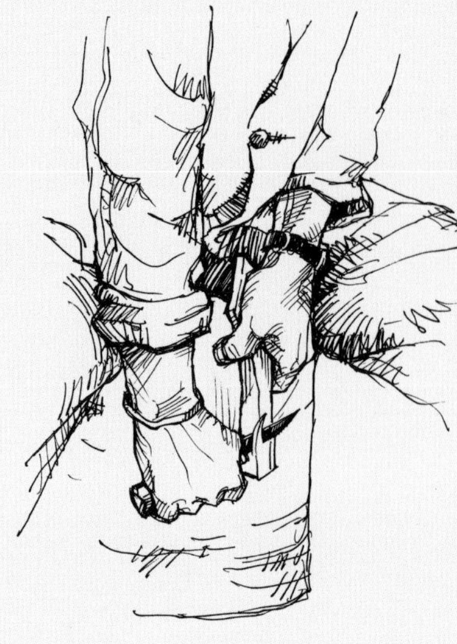

Der Schultergriff mit und ohne Auflage am Hauklotz.

Ergreife das Messer so nahe wie möglich an der Klinge. Stelle das Messer leicht schräg, wobei die Spitze ein wenig zu dir zeigt. Hebe die Schulter und lasse auch Kraft vom Rücken wirken. Schnitze mit gestrecktem Arm vom Ende der Klinge bis zur Spitze. Schnitze nach unten und drücke die Arme in einer gleichmäßigen und bestimmten Bewegung nach vorn. Das Messer sollte schräg vom Griff bis zur Spitze durch das Holz gleiten, um am besten zu schneiden. Die Fase, die am Holz anliegt, sollte sich darauf abstützen. Du kannst diesen Griff auch anwenden, indem du das Werkstück auf einen Hauklotz stellst, aber achte dabei auf die Fingerknöchel. Ein kraftvoller Griff, mit dem man viel Material entfernen kann.

3 **Der Kniegriff** (Knee Grip)

Schnittrichtung: das Material wird zum Körper hin gezogen
Position der Hand: Handfläche nach unten
Art des Schnittes: hobelnd Material entfernen

Gebe der messerführenden Hand mit ihrem Gelenk vor dem Knie Halt und ziehe anstelle des Messers das Material auf dich zu. Ein sicherer Griff, weil dabei das Messer fixiert ist.

4a **Der Scherengriff** (Scissor Grip)

Schnittrichtung: weg vom Körper
Position der Hand: Handfläche nach oben
Art des Schnittes: Material entfernen, formen

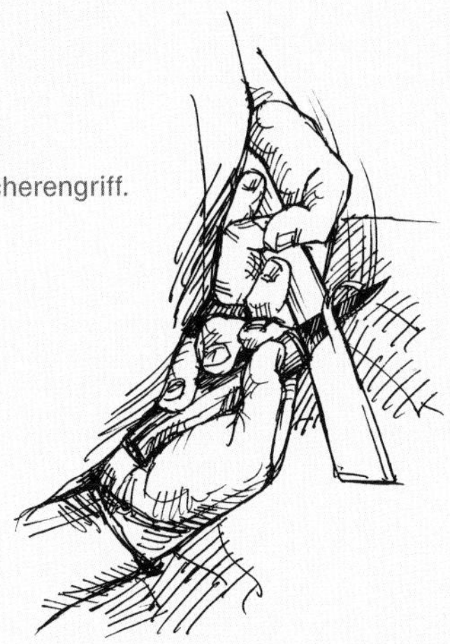

Der Scherengriff.

Ein kraftvoller Griff, der vor allem Kontrolle ermöglicht. Hierbei legst du das Messer in die Hand, indem du die Handfläche nach oben und die Schneide nach außen richtest. Die Spitze zeigt in die gleiche Richtung wie der Daumen, wobei die Schneide nach außen gerichtet ist. Nimm das Material in die eine und das Messer in die andere Hand, so dass sie vor dem Brustkorb eine Schere formen. Kauere dich etwas zusammen und presse die Hände an den Brustkorb. Beginne vom Griff aus zu schneiden. Lass das Messer vom Griff aus zur Spitze schneiden, während du gleichzeitig am Werkstück und am Messer ziehst. Die Unterarme gleiten vom Körper nach außen und dabei solltest du fühlen, wie die Schulterblätter und Schultern sich hinten zusammenziehen.

Benutze die Unterarme wie Hebelstangen und drücke sie gegen den Körper. Ein kräftiger Griff. Presst man die messerführende Hand gegen den Körper, kann sie nicht ausgleiten, wenn das Messer aus dem Holz rutscht.

4b **Der Scherengriff mit schiebendem Daumen**

(Scissor Grip with Thumb Push)

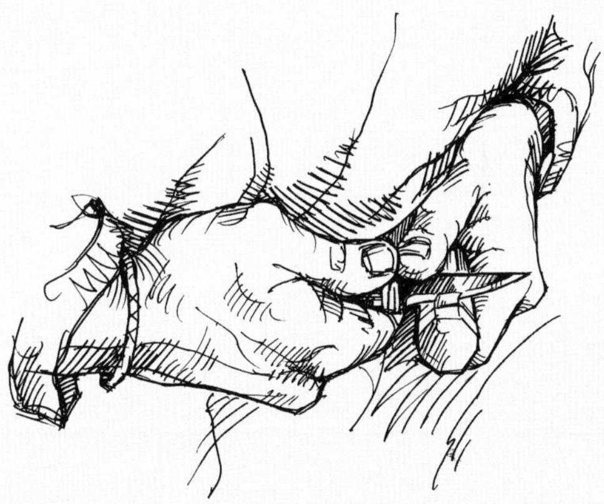

Der Scherengriff mit schiebendem Daumen.

Lege den Daumen der Hand, die das Material hält, auf den Messerrücken und lenke die Klinge nach vorn, um zusätzliche Kraft auszuüben. Ein sicherer und kontrollierbarer Griff. Er ist eine Mischung aus dem Hebelgriff und dem Schiebenden-Daumen-Griff.

5 **Der Daumengriff** (Thumb Grip)

Schnittrichtung: weg vom Körper
Position der Hand: Handfläche nach unten
Art des Schnittes: formen, sauber schneiden

Der Daumen der zweiten Hand schiebt den Messerrücken nach vorn. Nutze gleichzeitig den selben Daumen wie einen Hebel, und drehe das Messer nach außen, so dass der Schnitt zur Seite führt. Das Material wird während des Schneidens weggebrochen. Lasse die Ellenbogen von außen zum Körper hin arbeiten. Der Griff lässt sich gut kontrollieren und eignet sich gut für schmale Fasen und zum Feinschnitzen. Siehe auch „Gekreuzte-Daumen-Griff". Illustration auf Seite 26.

6a Ziehender Griff (Pull Grip)
Schnittrichtung: hin zum Körper
Position der Hand: Handfläche nach unten
Art des Schnittes: Material entfernen, formen, sauber schneiden

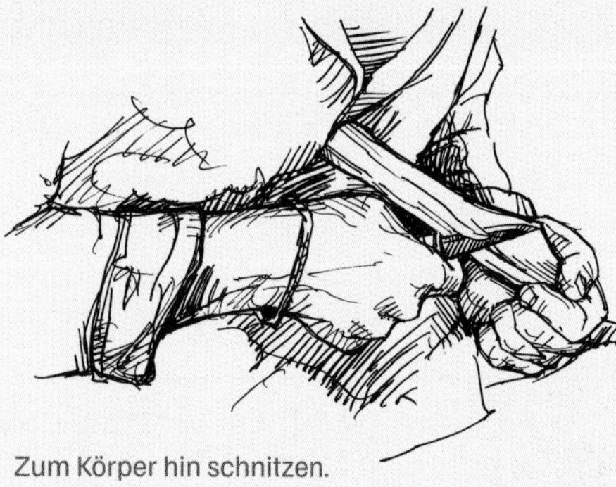

Zum Körper hin schnitzen.

Halte das Werkstück mit der zweiten Hand ganz vorn fest und drücke es gleichzeitig gegen den Brustkorb. Der Daumen der messerführenden Hand liegt oben auf dem Griff und die Messerspitze wird vom Körper aus schräg nach vorn ausgerichtet. Dadurch trifft der Daumenballen, der dickere Teil unten am Daumen, auf den Körper, bevor das Messer aus dem Holz rutschen kann. Ziehe das Messer zum Körper hin, und lasse die Schneide vom Griff in Richtung Spitze laufen. Drücke die Fase beim Schnitzen in das Holz. Das sorgt für einen guten Halt und eine schöne Oberfläche. Sicherheit erreichst du dadurch, dass du mit den Unterarmen Halt am Körper findest, wobei du die messerführende Hand nach außen abwinkelst, so dass das Handgelenk zuerst auf den Körper trifft. Drücke und gleite mit dem Unterarm der schnitzenden Hand in Richtung Brustkorb, während das Handgelenk steif bleibt.

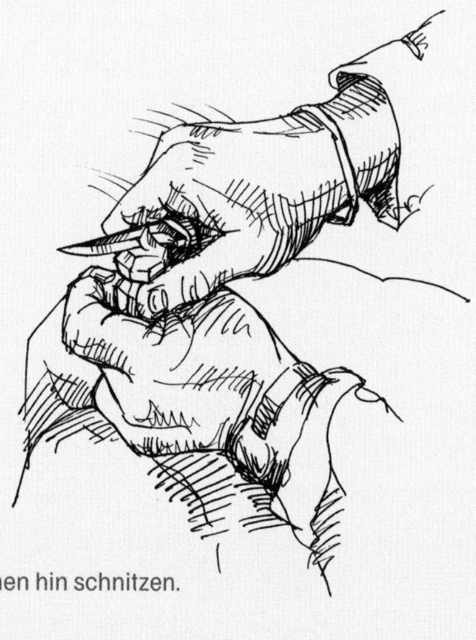

Zum Daumen hin schnitzen.

6b Unterstützter ziehender Griff (Guided Pull Grip)
Schnittrichtung: hin zum Körper
Position der Hand: Handfläche nach unten
Art des Schnittes: formen, sauber schneiden

Der Griff wird verfeinert, indem man mit den Fingern der anderen Hand schiebt. Hier dreht man den Daumenballen der Hand, die das Werkstück hält, zur Seite und schiebt Zeigefinger, Mittelfinger und Ringfinger der gleichen Hand nach vorne, wobei diese auf dem Rücken des Messers liegen. Die Finger geben zusätzliche Kraft beim exakten Schnitzen von Formen. Mit der Drehung des Messers folgt man der Form. Dabei wird das Kontrollieren der Kraft mit den vorschiebenden Fingern auf dem Messerrücken erleichtert. Siehe Illustration auf Seite 27.

7 Schälgriff (Thumb skew Grip)
Schnittrichtung: hin zum Körper
Position der Hand: Handfläche nach unten, Fingergriff
Art des Schnittes: formen, sauber schneiden

Der Daumen der schnitzenden Hand stützt sich ab und übt Druck in das Holz hinein aus. Stelle das Messer mit der Spitze leicht von dir weg schräg. Gleite auf der Fase von Griff zur Spitze. Ziehe die Finger der messerführenden Hand zur der Seite des Daumens schräg nach hinten.

8 Schräger Schälgriff (Thumb skew Grip 2)

Gleicht dem Schälgriff. Gib dem Messer zwei verschiedene Winkel, wenn du es ans Holz anlegst: 45 Grad horizontal und 45 Grad in die Tiefe, so dass die Messerspitze vom Körper weg zeigt. So schneidet man mit dem hinteren Ende der Klinge vor der Spitze, wodurch das Holz nicht einreißt. Setze den Daumen unterhalb der Schnittlinie an und schiebe ihn nach vorn, so dass das Messer sich nach hinten bewegt und an der Fase Halt bekommt, während du gleichzeitig die Hand zum Kör-

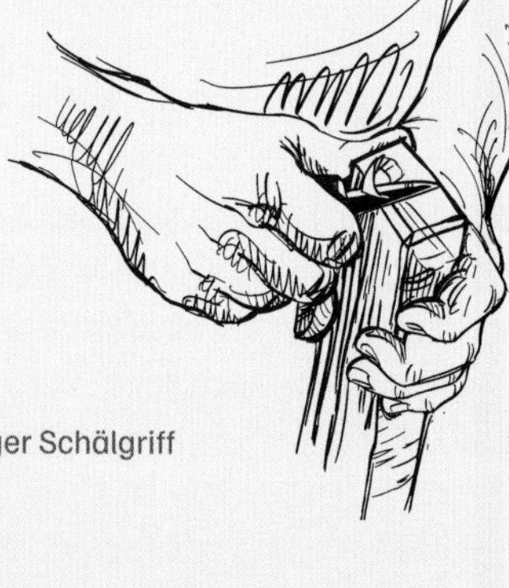

Schräger Schälgriff

per hin ziehst. Verändere die Winkel nicht. Wenn man mit schräg gehaltenem Messer schnitzt, vermindert man den totalen Schnittwinkel, was bewirkt, dass das Messer leichter ins Holz eindringt. Hieraus kann man Nutzen ziehen, wenn man am Hirnholz schnitzt, welches deutlich schwieriger zu bearbeiten ist als Längsholz. Der Griff mit schräg gehaltenem Messer funktioniert schnell und effektiv, wenn du scharfe Kanten anfasen willst.

9 Dosenöffnergriff (Can opener grip)
Schnittrichtung: hin zum Körper
Position der Hand: Handfläche nach unten, Fingergriff
Art des Schnittes: kräftig Material entfernen, formen, sauber schneiden

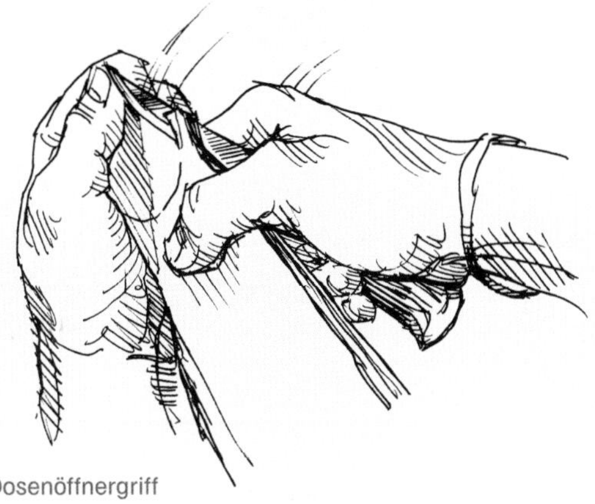

Dosenöffnergriff

Der Griff baut auf dem gleichen Hebeleffekt und Drehmoment auf, den ein Konservenöffner hat, schnell rauf und runter! Der Daumen gleicht dabei dem Haken des Öffners, der unter dem Falz der Dose ansetzt. Drücke das Werkstück gegen den Bauch und halte es ganz vorn mit der Hand, die nicht das Messer hält. Das Messer liegt in allen vier Fingern. Klemme das Werkstück mit dem Daumen der messerführenden Hand im 90-Grad-Winkel oben ein. Schiebe den Ellenbogen nach vorn, und setze das Messer zwischen Daumen und Werkstück so an, dass es in einer kreisförmigen Bewegung nach oben (zur Nase hin) von der Spitze zum Griff hin gleitet. Wenn der Zeigefinger, um den Griff gelegt, auf die Unterseite des Werkstückes trifft, stoppst du automatisch, was bewirkt, dass du dir nicht in den Daumen schneiden kannst. Versetze den Daumen, während du dich im Holz voran arbeitest. Wenn man es falsch macht, und das Messer gegen den Daumen drückt, schneidet man sich leicht.

Dies ist ein schwieriger Griff, aber einer der kraftvollsten und am besten anzuwendenden. Mit ihm lässt es sich leicht einer aufgezeichneten Linie folgen, weil man die ganze Zeit sieht, wie viel Material entfernt wird.

10 Gekreuzte-Daumen-Griff (Crossed Tumb Grip)
Schnittrichtung: wechselnd
Position der Hand: Handfläche nach unten, Fingergriff
Art des Schnittes: formen, sauber schneiden

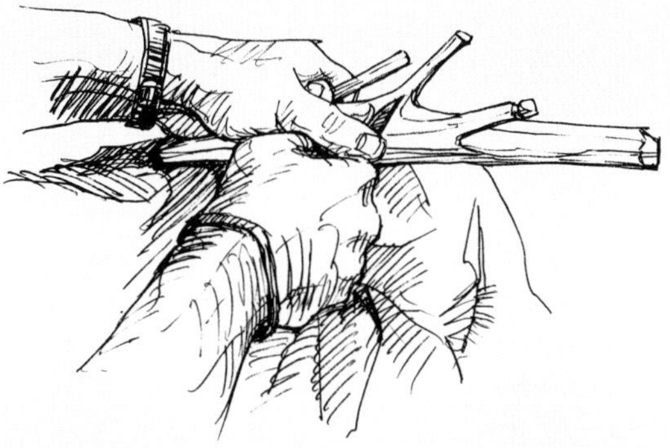

Gekreuzte-Daumen-Griff, ziehend

Der Griff baut auf dem Dosenöffnergriff und dem Schiebe-mit-dem-Daumen-Griff auf. Man schnitzt abwechselnd aus unterschiedlichen Richtungen. Der Vorgang teilt sich in einen schiebenden und einen ziehenden Teil auf. Der Griff ist besonders nützlich, wenn du an Stellen, an denen sich Längs- und Querholz treffen, Kontrolle brauchst, zum Beispiel wenn du eine konkave Form in ihrer Wölbung glätten willst.

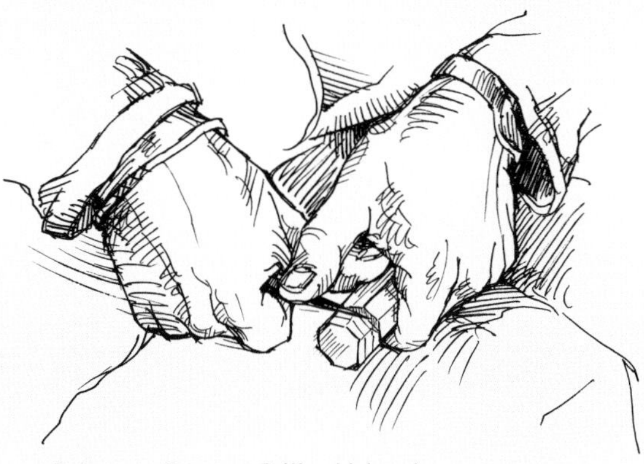

Gekreuzte-Daumen-Griff, schiebend

10a schiebend

Halte die schnitzende Hand in der Nähe der Klinge und suche Halt, indem du ihren Daumen zum Werkstück hin ausstreckst. Schiebe die Spitze mit der Schneide zu dir im 90-Grad-Winkel in das Holz, so dass das Messer von der Spitze zum Griff hin in das Holz gleitet. Schiebe mit Ellenbogen und Schulter in einer kreisförmigen Bewegung von außen nach innen zum Zentrum voran, wobei der Daumen das Zentrum markiert. Der Daumen der linken Hand drückt die Fase in das Holz, so dass du dort Halt findest. Der Zeigefinger der messerführenden Hand stoppt das Messer, wenn er auf das Material trifft.

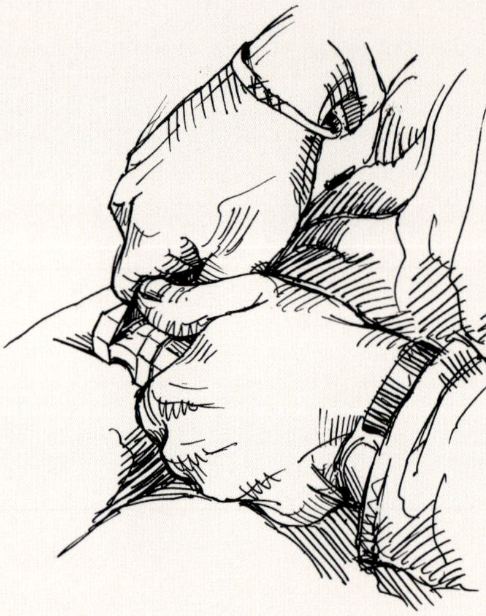

Gekreuzte-Daumen-Griff, ziehend.

10b ziehend

Wenn das Messer am Griff angekommen ist, wechselst du die Richtung, so dass die Schneide von dir weg zeigt. Setze sie wieder an das Holz und schiebe mit dem Daumen der festhaltenden Hand, während du gleichzeitig die Schneide vom Griff zur Spitze führst. Aber vergiss nicht, den Daumen der messerführenden Hand so zu lenken, dass das Messer in einer brechenden Hebelbewegung in das Holz gleitet. Die Klinge soll in das Holz schneiden, sie soll nicht das Material zur Seite drücken! Nun bist du wieder in der Ausgangsposition und kannst die Bewegung wiederholen. Der Griff eignet sich auch sehr gut zum Schnitzen von v-förmigen Kerben und Einschnitten bei Knäufen oder Zapfen von Hakenleisten. Mit diesem Griff wird das Schnitzen kontrollierter, präziser und effektiver.

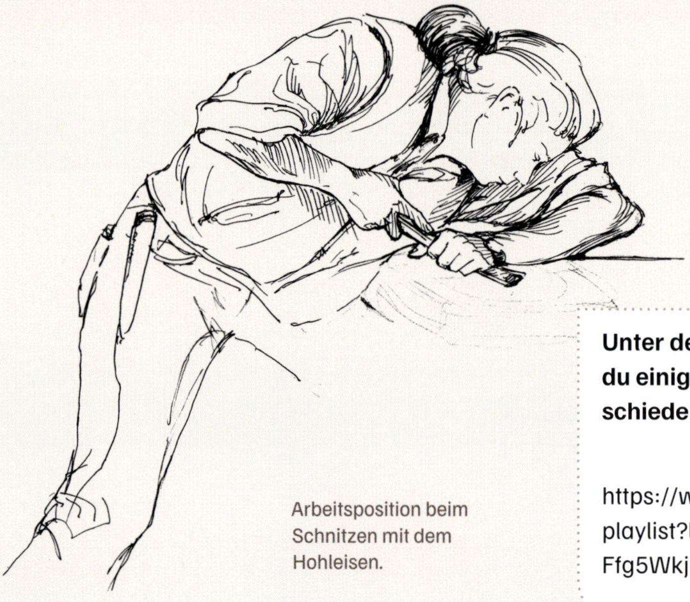

Arbeitsposition beim Schnitzen mit dem Hohleisen.

Unter dem unten angegebenen Link findest du einige YouTube-Videos, die ich zu verschiedenen Schnitzgriffen gemacht habe:

https://www.youtube.com/playlist?list=PLoaPpRk-Ffg5WkjHrJZ02ooSH16nV2-TBU

Kerbschnitttafel mit einer Kombination von geraden und gebogenen Linien, Kerbschnitten, Nagelschnitten und durchbrochenem Dekor.

Worterklärungen

Abstreichen Hierbei wird die Schneide an einem Lederriemen oder einem Holzstück mit aufgestrichener Polierpaste abgezogen.
Ädern mit Alkohol Eine ältere Maltechnik, bei der das Bindemittel aus einem schwach alkoholischen Getränk wie Bier oder ähnlichem besteht, welches mit einem Pigment zu einer Farbe vermischt wird.
Ahlenmarkierung Eine Markierung mit einer Ahle, einem nadelförmigen Werkzeug.
Außenholz Siehe Splintholz
Axialer Schnitt Ein Schnitt, der von der Wurzel bis zur Spitze durch einen Stamm verläuft.

Bildhauereisen Eine Sammelbezeichnung für Schneidwerkzeug mit verschiedenen Schneidenformen von 1–45 mm Breite.
Bolzen Stab aus Holz oder Metall als Verschluss oder Sicherung.

Dämpfen Methode zum Biegen von Holz, oder um die Trocknung zu beschleunigen. Wird in einem geschlossenen Raum mit Dampf und einer Temperatur von mindestens 85°C durchgeführt.
Dolle Kräftiger Holzstab, der Holzbalken seitlich in einem Blockhaus zusammenhält.
Dollenbohrer Ein t-förmiger Schlangenbohrer mit Handgriff aus Holz, mit dem man Löcher für Holzdollen bohrt.
Druckholz Starkes Holz an der Außenseite eines gebogenen Stammes. Die Markröhre ist zur Innenseite hin verschoben. Kommt bei Fichten und Kiefern vor.

Ergonomie Die Wissenschaft von der Anpassung von Werkzeugen, Maschinen und Umwelt an die Gegebenheiten der menschlichen Physis und Psyche.
Erl Eine schmale, spitz geformte Verlängerung an Raspeln, Feilen und Messerklingen. Der Erl wird in den Griff eingeschlagen. Bei Messern geht der Erl oft durch den Griff hindurch und wird am Ende vernietet.

Facetten Mehrere angeschrägte Kanten.
Falz Eine versenkte offene Kante an der Seite eines Holzstückes.
Falzlinie Eine Linie, die einen Falz markiert.
Fase Abgeschrägte Kante.
Faserrichtung Die Längsrichtung der Holzzellen.
Fasersättigungspunkt Das Feuchtigkeitsniveau, das Holz hat, wenn die Zellen vom Wasser entleert sind und die Zellwände zu trocknen beginnen. Liegt normalerweise bei 25 Prozent. Das Holz beginnt zu schwinden und das Risiko für Risse steigt stark an.
Flachrelief Eine skulpturale Grundform der Bildhauertechnik. Besteht aus einer flachen, versenkten Hintergrundplatte mit erhabenen Figuren oder Ornamenten.
Fluchten Das Einrichten von Winkeln und Parallelen zwischen verschiedenen Holzteilen mit dem Auge. Oftmals auch angewandt, um herauszufinden, ob ein Holzstück gerade oder gebogen ist.
Futter Ein selbstzentrierendes Werkzeug, das ein Arbeitsstück oder einen Bohrer in einer Werkzeugmaschine hält, zum Beispiel in einer Bohrmaschine oder einer Drechselbank.

Geflammtes Holz Welliger Faserverlauf. Häufig bei Wurzelteilen. Meist starkes Holz.
Grat Reste von abgeschliffenem Material, das nach dem Schleifen noch an der Schneide sitzt.
Geißfuß V-förmiges Bildhauereisen, mit dem man einen zweiseitigen Schnitt erzielen kann.

Halbstamm Ein halber Stamm, der durch die Markröhre gehend in zwei Teile gespalten wurde, bei einem Viertelstamm in vier Teile.
Haltevorrichtung Eine Anordnung, mit der man das Werkzeug oder das Werkstück während der Bearbeitung am Platz halten kann.
Hickory Nordamerikanische Holzart, die sowohl hart als auch zäh ist.
Hirnholz Die Seite eines Holzstückes, die rechtwinklig zu den Fasern der Längsrichtung steht.
Hobelspäne Abfallprodukte eines Schneidwerkzeugs, meist vom Schlicht- oder Putzhobel.
Hohleisen Ein gerades Schneidwerkzeug, das im Profil mehr oder weniger halbröhrenförmig ist. Die Schneide liegt im 90-Grad-Winkel folgt aber der Röhrenform. Wird zum Aushöhlen von Holz benutzt.
Holzstapel mit Querleisten Zum Trocknen werden zwischen die Bretter im 90-Grad-Winkel Leisten gelegt, damit die Luft zwischen dem Holz zirkulieren kann.
Hygroskopisch Bezeichnung für Materialien, die Feuchtigkeit anziehen und abgeben.

Jahresring Der Zuwachs im Holz während eines Jahres. Im Nadelholz helle Partien im Frühling und dunkle, harzreichere im Herbst.

Kaltsägeblatt Ein gehärtetes Stahlsägeblatt, das in Schlossereien benutzt wird, um Eisenteile zu zersägen.

Kerbschnitt Bezeichnung für das Einschneiden von Ornamenten in Holz. Der schwedische Begriff „Skureut" kommt aus den Dialekten von Hälsingland und Härjedalen.

Kerbschnitt Eine Methode, dreieckförmige Ornamente mit der Messerspitze zu schneiden.

Kernholz Das innere, meist dunklere bräunliche Holz eines Stammes. Besteht aus Zellen, deren Fähigkeit Wasser zu transportieren auf verschiedene Weisen gehemmt wird. Splintholz wird in Kernholz umgewandelt.

Körner Ein kurzes, stangenähnliches Handwerkszeug mit konischer Spitze, mit dem man Punkte in Metall, zum Beispiel zum Ankörnen eines Bohrloches, markieren kann.

Kohlenstoffstahl ein Werkzeugstahl, der wichtigste Bestandteil außer Eisen ist Kohlenstoff, gewöhnlich 1 Prozent.

Konkav Eine gleichmäßig nach innen gebogene Oberfläche.

Konvex Eine gleichmäßig nach außen gebogene Oberfläche.

Kurzfaserig Holz mit kurzen Fasern. Eine Eigenschaft, die bewirkt, dass Holz leicht bricht und splittert. Faulbaum, Erle und Linde sind solche Holzarten.

Ladenblende Die Vorderseite einer Schublade, die im eingeschobenen Zustand sichtbar bleibt.

Längsholz Oberfläche in Längsrichtung der Holzfasern und eine Art, den Faserverlauf zu einem Schnitt, den eine Klinge in das Holz macht, zu beschreiben. Bei der Bearbeitung schneidet man schräg in einem Winkel von 1–15 Grad von der Faserrichtung abweichend durch die Fasern.

Laminat Material, bei dem dünne Schichten zusammengefügt wurden. Bei Holz folgt es der Faserrichtung und macht eine gebogene Konstruktion stabil.

Linoxin Ein fester, harter Stoff, der sich bildet, wenn Leinöl trocknet, oxidiert und eine chemische Verbindung mit dem Sauerstoff eingeht.

Mark Ein weiches, loses Gewebe im Zentrum eines Holzstammes. Der Begriff wird manchmal fälschlicherweise für Kernholz benutzt.

Markröhre in der Mitte des Stammes im Zentrum der Jahresringe liegende Zellschicht, die nicht verholzt ist und von der Wurzel bis zur Spitze durch den ganzen Stamm läuft. Wenn sie im Rohling verbleibt ist sie oft Ansatz für Rissbildung.

Marmorieren Ältere Maltechnik, die Marmor imitiert.

Maserbirke Eine Birkenholzart mit dunkleren Rindeneinschlüssen im Holz. Hart und knotig, mit unregelmäßig verschlungenen Fasern. Siehe auch Wurzelmaserholz.

Maserholz Ein aus einer Maserknolle, einem knollenartigen Auswuchs eines Baumes, ausgesägtes Stück Holz, was in seiner Faserstruktur besonders stark ist.

Maserung Schattierungen im Holz, die durch das Wachstum im Frühjahr und Herbst hervorgerufen werden. Sie werden auch manchmal als Holzimitation gemalt, wenn das Holz anders oder exklusiver aussehen soll.

Messerschliff Zwei gleich breite Fasen auf jeder Seite eines Axtkopfes.

Mini-Wasserwaage/Libelle Eine kleine Wasserwaage. Gibt es auch als Schnur-Wasserwaage zur Benutzung im Hausbau.

Muraltechnik Wandmalerei; ein Kunstwerk direkt auf einer Mauer.

Nagelschnitt Ein Muster, das einem Fingernagel gleicht. Wird mit einem kleinen Hohleisen geschnitten.

Omega-Form Erfundenes Wort, um die Form für ein krumm gewachsenes Holz zu beschreiben. Gleicht dem griechischen Buchstaben Omega.

Oxidation Die chemische Reaktion eines Stoffes mit Sauerstoff.

Parierschutz Eine Stange zwischen Messerschaft und Klinge, um die Hand vor dem Abrutschen auf die Schneide zu schützen.

Peilen Siehe Fluchten.

Polierpaste Eine Paste zum Aufpolieren von Metall.

Punzen Materialbearbeitung mit einem Stahlwerkzeug mit stumpfer Spitze.

Putzhobel Ein Handhobel, der zur Feinbearbeitung benutzt wird. Ca. 25–30 cm lang.

Querholz Wie bei Längsholz, aber quer zur Faserrichtung, wodurch das Holz ausfasert. Die Schneide will in das Holz schneiden und dabei der Faserrichtung folgen.
Quietschend einpassen Wenn ein Zapfen in einem Loch mit guter Passform gedreht wird, quietscht das Holz durch die Reibung.

Radialer Schnitt Ein Schnittverlauf von der Markröhre zur Borke. Der Radius des Stammdurchmessers.
Raspel Eine grobe Feile mit gehauenen scharfen Schneiden.
Rauhbank Größerer und längerer Handhobel zum Planhobeln.
Reliefschnitzerei Eine Art des Flachreliefs, das aus einer dekorativen, versenkten Grundplatte besteht mit darauf erhabenen Ornamenten oder Figuren.
Rechenkamm Holzstück, in dem die Zinken eines Rechens befestigt werden.
Riegel Ein langes, relativ grobes Holzstück, das als Balken in Konstruktionen verwendet wird.

Schablonenmalerei Ein Motiv oder ein Muster wird mit Hilfe einer Schablone aus ausgeschnittenem Karton oder Papier hergestellt.
Schleifstock Ein Hilfswerkzeug, mit dem das Messer in einem festen Winkel gegen den Schleifstein gehalten wird.
Schneidenwinkel Das Verhältnis zweier Fasen zueinander in Grad.
Sgraffito Muraltechnik mit verschiedenen Schichten unterschiedlich gefärbten Putzes, aus dem Muster oder Bilder ausgekratzt werden.
Spaltbock Eine Gerätschaft zum Spalten von Holz mit dem Spaltmesser. Wird aus einer größeren Baumgabel hergestellt. Die Gabel wird durch zwei über Kreuz gestellte Pfähle hochgehalten. Der Gegenstand, der gespalten werden soll, wird in die Gabel gestellt und so seitlich gehalten. Durch den Widerstand des Spaltbocks lässt sich das Holz gerader spalten.
Splint Ein zusammenhaltender, dünner quer verlaufender Zapfen.
Splintholz Außenholz. Der äußere Teil eines Holzstammes zwischen Kambium und Kernholz. Das Splintholz enthält einen Teil lebende Zellen, auch wenn eine große Zahl der Zellen normalerweise tot ist. Dies steht im Kontrast zum Kernholz, welches vollständig tot und oftmals harzig ist.
Sprossenstuhl Ein Stuhltyp in Pfostenkonstruktion mit 8 oder 12 Quersprossen und 2 oder mehreren Lehnensprossen, die eine Leiter bilden.
Stavar-Fichte Lange und dicht gewachsene Fichte mit zähem Holz, die im Schatten anderer Bäume (unterdrückt) aufwuchs. Mit zähem, Fäulnis widerstehendem Holz.
Stemmeisen / Stecheisen Ein gerades und flaches, schneidendes Werkzeug. Die Schneide steht im 90-Grad-Winkel zur Längsrichtung. Die Fase befindet sich auf der Rückseite.
Stempeln (beim Malen) Farbe wird auf Stoff oder Leder mit einem ausgeschnittenen Holzstück oder Holzschnitt übertragen und zu einem Ornament geformt. Nennt sich Blockdruck.
Streichmaß Werkzeug mit Messer oder Bleistift, um Linien parallel zu einer Kante zu ziehen, beispielsweise beim Aufzeichnen von Breite und Stärke an einem Werkstück.

Tangentialer Schnitt Ein Anschnitt, der die Jahresringe tangiert.
Tapetenleiste Horizontal laufende Holzleiste auf Wänden. An Außenwänden werden damit senkrechte Paneele verbunden. Im Haus wird der Stoß zwischen Tapete und Paneelen damit abgedeckt.
Tiefenlinie Eine aufgezeichnete Linie, welche die Tiefe eines Falzes markiert.
Tjurved Wörtlich „Stierholz“, Reaktionsholz. Es findet sich auch am Wurzelteil des Stammes oder rund um Äste. Es wird auch Druck- oder Zugholz genannt, weil die Markröhre zur Außenseite verschoben wurde, da der Baum gebeugt oder an einem Hang gewachsen ist.
Tragjoch Ein gebogenes Holz mit Haken an den Enden, das über die Schulter gelegt wird. Hinter den Schultern hängt dann das Gewicht am Haken. Das Holz wird aus einem krumm gewachsenen Stamm genommen. Es gibt auch Tragjoche, die vorne und hinten einen Haken haben.
Trockenform Ein Werkzeug, mit dem man gedämpftes Holz in der gewünschten Form hält, während es trocknet.
Tupfen Behandlung einer frisch gestrichenen Farboberfläche, wodurch sie eine raue Oberfläche bekommt. Ein stoppeliger Pinsel wird gegen eine Farboberfläche getupft.

Überstehender Falz Bezeichnung für einen Falz, der über eine Kante des innen liegenden Stückes hinausragt.
Überwachsen Mit Narbenholz überwachsen.

Wundholz Starkes, zähes Holz, das über eine Verletzung des Baumes gewachsen ist. Wird für Axtstiele genutzt.
Wurzelmaserholz Knollenförmige Auswüchse an Wurzeln mit einer gemaserten Holzstruktur, die aus verwirbelten Fasern und kleinen „Augen" besteht. Kommt bei Birke, Erle, Espe, Salweide, Linde und vielen anderen vor.

Zange Ein Kneifwerkzeug mit zwei Armen, die drehbar mit einem Bolzen verbunden sind.
Zentripetalkraft Die Kraft, die an einem Körper angreift, der sich auf einer kreisförmigen Bahn bewegt. Sie hält den Körper auf seiner Kreisbahn und ist nach innen zum Kreismittelpunkt beziehungsweise zur Drehachse gerichtet. Gegensatz: Zentrifugalkraft.
Zimmermannsbohrer siehe Dollenbohrer
Zugholz Starkes Holz auf der Innenseite eines gebogenen Stammes.

Weiterführendes Know-how

Bücher

Die kleine Farbpalette:
Öl, Techniken und Farbeffekte –
von Rosalind Cuthbert; ISBN 9783829006705
(erwähnt auf S. 56)

Frisches Holz
von Sjors van der Meer und Job Suijker –
sehr zugängliche Einführung in das Arbeiten mit frischem Holz. Material, Werkzeug, Bau von Hocker, Stuhl, Schindeln und Schnitzen von Löffeln und Pfannenwender (aber keine Schalen).
HolzWerken, ISBN 978-3-7486-0390-0

Schalen schnitzen
von Danielle Rose Byrd –
eine intensive Anleitung zum Schnitzen von runden wie ovalen Schalen und Trögen.
HolzWerken, ISBN 978-3-7486-0657-4

Zeitschriftenartikel

Bauprojekt Grünholzstuhl.
Mein Plätzchen an der Sonne! Von Michail Schütte.
In *HolzWerken* Heft 17

Schnitzbeile einsetzen.
Ur-Werkzeuge machen auch noch heute Spaß!
Von Michail Schütte.
In *HolzWerken* Heft 35

Rauf aufs Pferd! **Hobelpferd als Spannhilfe.**
Von Michail Schütte.
In *HolzWerken* Heft 90

Leinöl in der Holzwerkstatt
2-teilige Serie in den *HolzWerken* Ausgaben 108 & 109.
Behandelt in Teil 2 Leinölfarben. Von Sonja Senge.

Videos

Gespaltenes und gesägtes Holz –
was ist der Unterschied?:
https://www.youtube.com/watch?v=lirnMRZV0ok
– ein Video von Holzwerken TV

In englischer Sprache:

Jögge Sundqvist:
Morakniv Swedish Knife Grip Sessions & Spoon Carving with Jögge Sundqvist
Die im Buch bereits genannte Serie von Videos für den Messer-Hersteller Mora, in der Jögge die verschiedenen Schnitzgriffe zeigt und erklärt. Auch wer kein Englisch kann, wird hier etwas lernen

Mike Abbott, Green Wood:
https://vimeo.com/77122122
eine sehr kurze Einführung in die Grünholzphilosophie

Mike Abbott, Chairs from the woods:
https://www.youtube.com/watch?v=1Xtm33j6C_8

Green Woodcraft:
https://www.youtube.com/watch?v=S93-z86ydZo
aus der sechsteiligen Serie Mastercrafts der BBC

Bezugsquellen

Kurse

Michail und Katy Schütte –
geben im Wendland Kurse
zu allen Grünholz-Themen.
Kontakt:
Telefon: 05855-978499
E-Mail: gruenholz@gruenholz.info

Werkzeug, Schärfzubehör, Oberflächenmittel

Dictum, Versandhändler
Filialen in Plattling und München
www.dictum.de

Feine Werkzeuge, Berlin
nur Versand
www.feinewerkzeuge.de

Grube KG
Hützeler Damm 38, 29646 Bispingen
+49 5194 900-900
Ladensgeschäft, Katalog und Online-Shop
www.grube.de

Kremer Pigmente GmbH & Co. KG
Hauptstr. 41 – 47, 88317 Aichstetten
umfangreicher Online-Shop,
dort auch eine bundesweite Liste von Ladengeschäften,
die die Pigmente ebenfalls führen
www.kremer-pigmente.com

Ben und Lois Orford, England
speziell Hakenmesser
www.benandloisorford.com

Wood Tools, Sheffield, England
speziell Hakenmesser und Beile
www.wood-tools.co.uk

Ein großer Dank an

- Jostein Skeidsvoll
- Annika Nordin
- Sofia Andersson
- Wille Sundqvist
- Knut Östgård
- Katarina Ågren
- Karin Holmberg
- Drew Langsner
- Torbjörn Lindström
- Torgny Lindgren
- Nina Lindelöf
- Beth Moen
- Ramon Persson

Register

Der Autor auf der Bank „Kitty Hawk“, Kiefer und krumm gewachsene Birke. Sie befindet sich auf dem Umeå Airport.

Ich werke unplugged
ohne Elektrizität
das gibt einen starken Rücken
und kostet nicht viel
in meiner Welt leben
krumm Gewachsenes, Wurzelstöcke,
Stavar-Fichte, eingespanntes Holz,
Schnitzbeile, Spaltmesser,
Messerstahl und Kerbschnitzerei und
verwandeln sich

In Wörter, die sich
in den Fasern des Holzes manifestieren

Wenn ich teile, spalte,
behaue, schnitze und mit den
Holzstücken ringe, werde ich
euphorisch

Nicht wegen des Verdienstes
sondern wegen glatter geschnitzter Oberflächen

Vom Rhythmus der Axtschläge
vom Harzduft und den
aufstrebenden Fasern

Stühle, Bänke, Kellen
Schränke, Tabletts, Spruchtafeln
Skulpturen und noch viel mehr
kommen aus meiner Werkstatt

So etwas ist gut für
die Schnitzhand und bedeutsame Gedanken

Auszug aus „Surolles Tankebok".

Der Hocker „Apelsinkramaren". Krumm gewachsene Birke für Rückenlehne und Beine. Schwarz-Erle für den Sitz. Esche für die senkrechten Streben.

Impressum

Original Swedish language edition:

Foto: Jostein Skeidsvoll
Illustrationer: Annika Nordin
Grafisk form: Katy Kimbell
Redaktör: Elisabeth Fock

Deutsche Ausgabe: „Handgeschnitzt!“ © 2023 *HolzWerken*
im Vincentz Network GmbH & Co. KG, Hannover

Übersetzung: Peter Müller, Menden
Korrektorat: Michail Schütte, Nieperfitz
Produktion: Print Media Network, Oldenburg
Printed in Europe

ISBN 978-3-7486-0692-5
Best.-Nr. 22171

HolzWerken
Ein Imprint von Vincentz Network GmbH & Co. KG
Plathnerstr. 4c, 30175 Hannover
www.holzwerken.net

Weitere Materialien kostenlos online verfügbar!

http://www.holzwerken.net/bonus

Ihr exklusiver Bonus an Informationen!
Zusätzlich zu diesem Buch bietet Ihnen *HolzWerken* Bonus-Material zum Download an.
Scannen Sie den QR-Code oder geben Sie den Buch Code unter www.holzwerken.net/bonus ein und erhalten Sie kostenfreien Zugang zu Ihren persönlichen Bonus-Materialien!

Buch-Code: TE1180

HolzWerken
Wissen. Planen. Machen.
Jetzt bestellen!
T +49 (0)6123 9238-253
www.holzwerken.net

Fräs-Fernbedienung per Stecker
Netzwerke in der Holzwerkstatt
Elegant ums Eck
Alles drin
für Ihre Werkstatt!

Polierpaste, weiß
DIALUX BLANC
Anschlagwinkel
Diamantabziehstein 4“x1“ Dia-sharp Coarse & Fine
Schieblehre
Schmiege
Bleistift
Stabilo
Aquarellable
Zollstock
Pinsel mit Nylonborsten
Abzieher
LINOLJEFÄRG FÖR KONSTMÅLERI
Alizarin Krapplack ljus
250 ml
0,1 L LINOLJA
Rohes,
kaltgepresstes
Leinöl
Künsterleinölfarbe Ottasons Färgmakeri